끈·자·그림자로
만나는
기하학 세상

KB247658

STRING, STRAIGHTEDGE, & SHADOW : The Story of Geometry
written by JULIA E. DIGGINS, Illustrated by Corydon Bell
Copyright © 1965 & 2012

Korean translation rights © 2013 Darun Publishing Co.
Korean translation rights are arranged with the original publisher,
JAMIE YORK PRESS through Amo Agency Korea.

이 책의 한국어판 저작권은 AMO 에이전시를 통해 저작권자와 독점 계약한 다른에 있습니다.
신저작권법에 의해 한국 내에서 보호를 받는 저작물이므로 무단 전재와 복제를 금합니다.

끈ㅇ자ㅇ그림자로
만나는
기하학 세상

줄리아 E. 디긴스 지음 · 코리든 벨 그림 / 김율희 옮김 · 김용관 감수

다른

머리말	놀라운 3가지 도구	8
기하학 여행을 시작합니다 :	1. 우리에겐 타고난 수학적 감각이 있다	16
기하학과 자연	2. 우주라는 미술관에서 기하학 찾기	20
	3. 석기 시대의 기하학	28
고대 이집트와 바빌로니아 :	4. 그림자 읽기	38
일상에서 시작된 기하학	5. 밧줄 측량사	46
	6. 별 관측자들	59
이오니아의 그리스인들 :	7. 세상 모든 것에 질문을 던지다	74
기하학, 그리고	8. 탈레스 이야기	80
생각하는 사람들	9. 이 피라미드의 높이는 얼마입니까?	88
	10. 기하학의 법칙을 세운 탈레스	99
비밀에 싸인 피타고라스학파 :	11. 신성한 피타고라스	116
기하학, 수학, 그리고 마술	12. 피타고라스의 정리	123
	13. 5개의 정다면체	134
	14. 무리수가 불러온 비극	144
학문에서 박물관으로 :	15. 황금기와 황금비	156
기하학, 예술, 과학	16. 기하학에 왕도는 있었다	174
	17. 그림자로 지구 둘레를 구할 수 있다고?	186
감수의 글		197
한국어판을 만들 때 참고한 도서 목록		203
찾아보기		204

매기, 피터, 마리호, 메이
그리고 관심과 열정과 탐구심이 가득해
내가 이 책을 쓰고 싶다는 생각을 하게 해준
제자였던 모든 아이들에게.

그러나 형태의 아름다움이란 많은 사람들이 일반적으로 생각하듯이
생물이나 그것을 표현한 그림의 아름다움이 아니라,
컴퍼스와 삼각자와 직선 자로 선과 원을 그려 만들 수 있는
직선과 원형과 면과 입체임을 깨닫기 바란다.
이런 것들은 조건부로 아름다운 다른 존재들과는 달리
그 자체로 아름답기 때문이다.

플라톤

놀라운 3가지 도구

끈, 직선 자, 그림자. 이것들은 어디에서나 쉽게 볼 수 있습니다. 끈은 대개 남자아이들 주머니 속에서 찾을 수 있고요. 직선 자는 책상 서랍에 있습니다. 그림자는 햇빛이 비치는 날이면 늘 따라다니지요.

그러나 이것들은 놀라운 3가지 도구이기도 합니다. 고대인들은 2000년, 아니 그 보다 더 오래전에 이 도구들만으로 초등기하학의 개념과 작도법을 발견했습니다. 모두 끈과 직선 자, 그림자만으로 해낸 일이지요. 이것이 이 이야기의 주제입니다.

오늘날 인류는 금문교와 매키노 다리 같은 다리를 짓습니다. 또 소리의 속도보다 6배 빠른 비행기, 수면 위로 떠오르지 않고 지구를 도는 잠수함, 우주까지 날아가는 미사일도 만들지요. 인류는 에베레스트 산의 높이보다 더 깊게 유정(석유가 나오는 샘—옮긴이)을 팝니다. 또 아주 작은 원자의 힘을 이용하고, 지구 궤도에 사람들을 보내기도 합니다. 그러나 20세기의 이 놀라운 일들 뒤에는 아름다움과 모험, 피나는 노력으로 가득한 오랜 역사가 있답니다.

인간은 대대로 우주의 비밀을 찾기 위해 노력해 왔습니다. 그리고 그 비밀을 알아내면 수학 기호로 적었습니다. 오늘날에도 비밀을 찾는 일은 계속됩니다. 우주의 신비는 아직 무한히 펼쳐져 있으니까요. 팔로마 산에 있는 커다란 망원경도 광활한 미지의 세계를 보는 작은 창문일 뿐입니다. 우리가 마침내 달과 행성으로 여행을 가는 날이 오면 별 주위를 도는 새로운 세계를 만나게 될 것입니다. 이 끝없는 탐색 과정에서, 열쇠는 처음부터 수학이었습니다.

아주 오래전, 원시인들은 자연에서 직선과 곡선과 다른 형태

들을 목격했습니다. 그것을 보고 놀란 원시인들은 그 모습을 최대한 따라 그렸습니다. 그리고 역사가 시작되면서, 인간은 필요에 의해 직선과 곡선과 형태를 정확하게 그리는 법을 익혔습니다. '끈'으로 원을 그리고, 직각을 만들고, 직선을 쭉 폈지요. '직선 자'로는 직선으로 그릴 수 있는 모든 것을 그렸습니다. 그들은 '그림자'가, 태양이 우주 질서의 비밀을 말해 주기 위해 땅에 쓰는 글씨임을 깨닫게 되었습니다.

　　고대 문명인들은 우리 주변에서 쉽게 찾을 수 있는 이런 도구들을 이용해서 시간과 방향을 파악하는 법을 터득했습니다. 또 집과 신전과 무덤을 설계하고, 밭을 배치하고, 관개수로를 만들었지요. 그들은 태양과 달과 별의 뚜렷한 이동 경로를 측정하고 기록하기 시작했습니다. 또 바다와 길 없는 평원을 여행할 때 자신들을 인도해 줄 방법도 찾았습니다.

이렇게 수천 년 동안, 고대 이집트와 바빌로니아 사람들은 장차 '기하학'으로 알려질 실용 기술을 개발했습니다. 기하학을 영어로 'geometry'라고 하는데, 이것은 '땅'을 의미하는 'geo'와 '측량'을 의미하는 'metria'가 합쳐져서 생긴 말입니다.

그 후에 다른 민족, 즉 그리스인들이 실용적인 도구를 추상적인 법칙으로 바꾸었습니다. 생각하는 인간은 질문을 하기 시작했고 '왜'인지 궁금해하기 시작했습니다. 그들은 여전히 실용적인 인간이었지만 직선과 곡선과 각도에 관한 추상적인 법칙에도 관심을 갖게 된 것입니다.

수백 년 동안 많은 사람들이 이런 법칙들을 만들었습니다. 어떤 사람들은 아름다운 기하학 형태를 연구하고 그것을 숫자와 결합해서 우주의 패턴을 알아내고자 했습니다. 또 어떤 사람들은 물이 새는 배에서 어떻게 하면 물을 퍼 올릴 수 있을지와 같은 유용한 기계적인 문제를 해결했습니다. 그리고 어떤 이들은 쓸모없어 보이는 어려운 문제를 푸는 데 골몰했지요. 이런 사람들의 노력으로 '이론적 기하학'이 탄생했습니다.

그리스 기하학자들은 논리적인 사고법을 개발했습니다. 또 지구가 둥글다는 것을 발견했고, 지구의 둘레와 축의 기울기를 측정했지요. 그들은 '타원', '포물선', '쌍곡선', '나선'이라고 이름 붙인 곡선의 속성도 발견했습니다. 수백 년이 지난 후, 이 곡선들은 물체가

공간을 이동하는 경로라는 사실이 밝혀졌습니다. 그리스 기하학자들은 현대 과학과 발명의 기초를 세우는 데 큰 도움을 주었습니다.

　그러나 이 모든 일은 믿을 수 없을 만큼 오랜 시간에 걸쳐 아주, 아주 느리게 일어났습니다. 오늘날 우리는 속도의 시대에 살고 있습니다. 자동차, 텔레비전 같은 것들은 이전 제품이 낡아서 못 쓰게 되거나 그 값을 다 치르기도 전에 새로운 제품이 나옵니다. 그러니 고대의 발견이 이루어지기까지 얼마나 오랜 시간이 걸렸는지 깨닫기 어려울지도 모릅니다.

　수천 년 동안 수십 억 명의 사람들이 지구에서 살았고, 그중 한정된 수의 사람들만이 기하학의 발전에 기여했습니다. 이 이야기들 중에서 초기의 일들은 많은 '사실'이 누락되어 있습니다. 오래된 일들은 기록이 사라졌고, 간혹 이름이나 전설만 남아 있을 뿐이기 때문입니다. 그래서 이 책에서 우리는 사실 대신 '이야기'를 해 보려고 합니다. 가장 흥미로운 순간과 가장 훌륭한 인물들, 극적인 사건만을 가지고 말이지요.

　　최초의 선사 시대 사람들에서부터 수학 역사상 가장 많이 팔린 수학 교과서인 유클리드의 《원론 Elements》에 이르기까지, 고대 기하학의 흥미진진한 이야기가 펼쳐질 것입니다. 이 이야기는 사실 스릴러물입니다. 놀라움, 모험과 마법, 심지어는 불가사의한 살인사건까지 등장하니까요. 여러분은 이것이 시대를 초월한 이야기라는 사실도 알게 될 것입니다. 오래전에 이루어진 발견이 오늘날에도 상당 부분 지속되고 있기 때문입니다. 이 모든 것들은 놀라운 3가지 도구로만 이루어진 것이랍니다. 끈과 직선 자, 그림자 말이지요.

기하학 여행을 시작합니다 :
기하학과 자연

우리에겐 타고난
수학적 감각이 있다

기하학은 가장 깊은 뿌리부터 추적해 보면, 도구를 발견하기 훨씬 전부터 이미 시작되었습니다. 원시인이 처음 관찰이라는 것을 하기도 전에 말이지요. 사실 자연과 생명, 그리고 우리 모두에게 있는 육감이야말로 기하학의 근원이랍니다.

　이 신비로운 능력은 선천적인 수학적 감각이라고 할 수 있습니다. 우리는 거대한 우주의 일부이고, 또 우주의 법칙에 묶여 있기 때문에 우주의 질서와 아름다움에 대해 타고난 감성을 지니고 있습니다. 우주의 여러 요소 중에서도, 생각하는 존재인 인간은 그 감성을 활용하여 질서와 아름다움에 관련된 법칙을 수학적 용어로 해석했습니다. 여러분은 경험을 통해 이 감성을 이해할 수 있을 것입니다. 딸랑이를 흔들며 리듬을 느꼈을 때나 놀이터에서 공을 굴리며 기하학 형태의 특징을 알아차렸을 때, 여러분의 수학 공부는 이미 시작된 것입니다.

　방에서 커튼을 정리하거나 벽에 걸린 그림을 똑바로 걸어 놓은 적이 있다면, 여러분은 선천적인 측정 감각을 활용한 것입니다. 또 귀에 거슬리거나 시끄러운 소리를 듣지 않기 위해 귀를 막았다면, 이는 조화를 바라는 마음을 감지한 것입니다. 빛과 어둠이 일정한 방식을 따른다는 사실에 처음으로 안도감을 느꼈을 때, 여러분은 우주에 있는 질서를 의식하게 된 것입니다. 모든 생물은 이러한 질서를 분명히 나타내며 선천적으로 수학적 감각을 지닙니다.

　새·벌·고래·바다표범은 방향과 거리에 대한 타고난 감각이 있습니다. 새떼는 왜 각진 대형으로 날고, 오리 가족은 왜 똑같이 비스듬한 형태로 개울을 헤엄칠까요? 새들은 계절마다 왔다 가면

서 어떻게 늘 똑같은 장소로 돌아오는 길을 찾아낼까요? 벌들은 꿀이 있는 곳을 어떻게 서로 알려 줄까요? 벌들은 비행 과학을 공부한 적이 없지만, 비행하는 법을 잘 아는 것 같습니다.

생물들의 형태 감각은 이들의 집 모양에서도 잘 드러납니다. 벌들은 공간을 가장 효율적인 방법으로 채우는 육각형 방을 짓습니다. 그러나 건축을 배운 적은 없지요. 거미들은 거의 완벽한 나선형 거미줄을 짜지만, 공학을 배운 적은 없습니다. 새들은 대칭의 원리를 배운 적은 없지만 대칭의 원리를 지킨 둥지를 짓습니다. 그리고 모든 동물들은 직선이 두 점 사이의 가장 짧은 거리라는 것을 아는 것 같습니다. 마치 측정 기계라도 장착한 것처럼 말이지요.

우리 몸속에도 측정 기계가 있는 것 같습니다. 타고난 나침반은 방향 감각을 도와주고요. 양과 무게에 대한 감각은 너무 무거운 물체를 들지 않게 해줍니다. 대칭 감각은 그림을 걸거나 식탁보를 펼치거나 침대보를 정돈하게 해줍니다. 타고난 리듬감은 음악을 들을 때 발을 까딱거리거나 춤을 추고 싶게 합니다. 그리고 어떤 사람들은 이 특별한 감각을 개발하여 일을 합니다.

예를 들어 예술가들은 타고난 수학자입니다. 아름다움의 비밀은 질서이기 때문입니다. 예술가는 그림의 구도를 잡을 때 사물들의 크기와 거리를 끊임없이 비교해야 합니다. 그들은 평평한 직사각형 캔버스에 형태와 분위기를 옮겨야 하기 때문에 색조의 정도, 흑백의 대비, 색채의 강렬함을 판단해야 합니다.

음악가 역시 직관적인 수학을 이용합니다. 그들에게는 박자를 지키거나 박자를 지키도록 도와주는 지휘자가 있어야 합니다. 또 악보에서 음표와 쉼표의 중요성을 알아야 하며, 소리의 세기나 부드러움, 또 음을 얼마나 오래 지속해야 하는지도 판단해야 합니다. 피아니스트들은 손가락으로 건반을 누르는 속도와 힘을 조절해야 합니다.

무용가들은 어떤가요? 발레는 계획과 실행 전체가 놀랄 만큼 정밀한 시간, 움직임, 패턴에 근거하고 있으며, 모두 오케스트라의 리듬과 어우러집니다.

시인들 역시 한 행의 호흡과 행과 행 사이를 잇는 박자를 측정해야 합니다. 의미와 운이 맞아야 할 뿐만 아니라 음절 숫자와 억양의 강약까지도 어울리는 단어를 결정해야 합니다.

이처럼 어떤 사람들은 육감을 개발했습니다. 그러나 우리 모두에게는 우주에 존재하는 자연적 질서에 조율된 타고난 수학적 감각이 있습니다. 우리 모두 질서와 조화를 좋아합니다. 우리는 사물이 균형 잡힌 상태를 좋아해서 그 균형이 어긋난 것처럼 보이면, 바로잡으려고 합니다. 사실 기하학은 이러한 내적 감각, 즉 우주의 질서와 조화에 대한 인간의 감성 때문에 시작된 것입니다.

우주라는 미술관에서
기하학 찾기

기하학은 언제, 어떻게 시작되었을까요? 직선과 곡선, 그리고 우리가 단순 기하학 형태라고 부르는 모양을 가장 먼저 발견한 사람은 누구일까요? 이런 모양은 지구를 떠돌아다닌 최초의 인간들이 발견했습니다. 이것은 우주라는 방대한 미술관에서 어디에서나 찾을 수 있는 형태였기 때문입니다.

상상력을 발휘해 아주 오래전, 그러니까 최초의 인간이 혼자서 혹은 작은 집단을 이루고 이곳저곳을 돌아다니던 때로 돌아가 봅시다. 장차 땅의 주인이 될 그 사람들은 아직 겁이 나서 몸을 움츠리고 있었습니다. 위대한 비밀과 놀라운 자원들은 모두 발견이라는 열쇠를 기다리며 갇혀 있었지요. 사람들은 번개를 피해 숨었습니다.

그들은 걷잡을 수 없고 무자비하게 보이는 자연의 힘을 몹시 두려워했습니다. 또 낮이 짧아지고 태양이 낮게 내려오자, 햇빛이 영원히 사라지고 싸늘한 어둠 속에서 살게 될 것이라고 생각했지요. 그래서 소중한 불 옆에 옹기종기 모여 있었습니다.

불. 그것은 자연에서 얻어 낸 최초의 위대한 비밀이었습니다. 선사 시대 사람들은 나무가 번개를 맞아 생긴 불씨를 잘 돌보았고 직접 불을 만드는 법도 익혔습니다. 그러나 그렇다고 태양이 사라지고 있다는 두려움을 떨치지는 못했습니다. 원시인들은 모두 같은 두려움을 느꼈고, 해가 돌아오기를 바라며 의식을 치르고, 노래와 제물을 바쳤지요. 서서히 돌아온 온기와 빛은 점차 사람들의 기력을 북돋아 주었습니다. 이러한 빛과 어둠의 순환은 몇백 년 동안 반복되며 마침내 여기에 믿을 만한 일정한 방식이 있다는 확신을 주었습니다.

사람들은 리듬과 화음, 자연의 질서에 대한 감각을 천천히 흡수하기 시작했습니다. 두려움은 놀라움으로 바뀌었고 새로운 발견을 하기 시작했습니다. 그러다가 사람들은 바람의 음악과 비의 리듬을 듣게 되었습니다. 밤이면 곤충들의 노랫소리와 개구리들의 교향곡을 들을 수 있었습니다. 또 심장이 고르게 뛰고 호흡에 규칙적인 주기가 있음을 깨닫게 되었지요.

그들은 선을 눈여겨보기 시작했습니다. 선이 들쭉날쭉한 번개는 무서웠습니다. 그러나 자신이 자려고 누웠을 때의 자세와 비슷한, 먼 지평선에서는 평온함을 느낄 수 있었습니다. 또 자신이 일어섰을 때의 자세와 비슷한, 키가 크고 곧은 나무의 직선을 보고서는 꼿꼿함에 감탄했지요. 사람들은 시든 줄기의 곡선에서 슬픔을 보았고, 똑같은 곡선이지만 날아오르는 구름에서는 경쾌함을 보았습니다. 우주라는 놀라운 미술관을, 두려움을 느끼며 터벅터벅 헤쳐 나간 고대인들에게는 이 모든 것이 새로운 발견이었고 놀라움으로 다가왔습니다.

이런 발견 속에서 어떻게 기하학이 탄생했는지를 배우기 전에, 여러분도 직접 이 미술관을 돌아보고 싶을 것입니다. 주변을 둘러보면, 자연이 하늘과 땅과 바다에서 보여 주는 아름다운 원과 직각, 삼각형·사각형·오각형·육각형·나선형을 찾을 수 있을 것입니다.

누구나 느끼며 감상할 수 있는 가장 위대한 자연법칙이 있는데, 그것은 바로 무질서 속에 있는 질서입니다. 밤하늘을 수놓은 별들의 무늬를 보면 알 수 있습니다. 눈에 보이는 별들도 그렇고 망원경과 과학적 계산으로 발견할 수 있는 별들에서도 알 수 있습니다. 우주에서는 별들이 어마어마하게 모인 은하계가 거대한 나선을 펼칩니다. 행성과 혜성은 타원형 궤도를 그리며 태양 둘레를 돕니다. 유성은 포물선을 그리며 지구 대기로 들어옵니다.

현미경으로, 복잡하게 얽힌 아름다운 결정체를 살펴보세요. 수백 년 동안 지구 밑에서 어마어마한 열과 압력을 받은 광물은 응고되어 결정체가 됩니다. 이 결정체는 광물 세계의 꽃입니다. 결정체는 그것을 구성하는 바로 그 물질에 겹겹이 싸여 자랍니다. 광물의 결정체를 보면 다른 광물과 구별할 수 있습니다. 결정체는 화학 물질이 액체나 기체에서 고체로 자유롭게 변할 때 띠는 기하학적 형태이기 때문입니다. 크든 작든, 규칙적이든 불규칙적이든, 한 광물의 결정체는 모두 내부 격자 구조가 똑같고 표면과 축의 관계도 똑같습니다.

석영의 결정체를 본 적이 있나요? 이것은 뾰족한 육각기둥 모양입니다. 석영의 결정체를 두드려 가루로 만든 다음 그 가루를 다시 결정으로 만들어 주는 용액에 넣으면 원래의 모양과 똑같은, 끝이 뾰족한 육각기둥 모양의 결정체가 됩니다. 왜 그럴까요? 자연은 늘 단순한 기하학 모양을 만들려고 하기 때문입니다. 사물은 우주의 법칙에 따라 속으로는 일정한 구조를 갖추고 겉으로는 대칭을 이룹니다. 눈물방울도 별도 그 법칙에 따라 만들어집니다. 그리고 이런 힘은 생물의 기하학 어디에서나 작용합니다.

이른 봄에 숲이나 들판을 거닐어 본 적이 있나요? 삼림 지대에는 자그마한 삼각형처럼 3개의 꽃잎이 달린 갓 피어난 작은 연령초와, 사각형처럼 4개의 꽃잎이 달린 새하얀 층층나무 꽃, 그리고 오각형 꽃인 칼미아가 활짝 핍니다. 과일나무는 5개의 꽃잎이 달린 꽃들로 부풀어 오르지요. 땅 가까이로 몸을 구부려 작은 양치식물이 우아한 나선 모양의 싹을 틔우는 모습을 바라보고, 포도나무의 나선형 넝쿨을 눈여겨보세요.

5개의 꽃잎이 달린 미나리아재비, 얼굴이 동그란 데이지와 민들레로 뒤덮인 초원을 거닐어 보세요. 그리고 민들레를 꺾을 때는 잠시 멈춰서 나선형으로 자란 모습에서부터 씨앗을 품은 섬세하고 가벼운 구체에 이르기까지, 그 아름다움에 주의를 기울여 보세요.

꽃밭을 살펴보세요. 백합, 붓꽃, 노랑 수선화에서는 육각형 꽃이 핍니다. 장미 꽃잎이 나선형으로 벌어질 때, 초록색 꽃받침이 오각형 별 모양으로 펼쳐진다는 사실을 아나요? 여왕이 입었을 만큼 아름다운 레이스를 보고 싶다면 '앤 여왕의 레이스'라는 별명이 붙은 야생당근 꽃을 책에 끼워 납작해지도록 누르세요.

과일과 채소를 조사해 보세요. 오이를 얇게 썰면 3부분으로 나뉜 씨가, 피망을 썰면 4부분으로 나뉜 씨가 보일 거고요. 사과를 비스듬히 자르면 오각형 별 모양으로 박힌 씨가 보일 거예요. 또 양파를 썰면 둥근 양파 조각들이 따로따로 떨어질 것입니다.

바닷가에 가면 소라껍데기의 나선을 자세히 살펴보세요. 그 나선은 바닷가에서 소라껍데기를 감싸고 빙글빙글 도는 거대한 파

도가 그려진 것처럼 보일 거예요. 연잎성게를 본 적 있나요? 이것은 무척 섬세하고 하얀 원 모양입니다. 자세히 보면 한쪽 면에는 꽃잎이 5개인 작은 꽃 모양이, 다른 쪽 면에는 원 가장자리로 뻗어 나가는 커다란 꽃이 새겨진 모습이 보일 것입니다.

　불가사리를 본 적이 있다면 여러분은 불가사리가 대부분 오각형이라는 사실을 알고 있을 것입니다. 솔잎처럼 작은 촉수를 이용해 바위에 달라붙는 성게를 본 적이 있나요? 성게를 말린 후 촉수를 털어 내면, 작은 반구형 껍데기에 다섯 부분으로 나뉜 무늬가 남는다는 사실을 알게 될 것입니다. 따뜻한 8월의 바닷물 속으로 뛰어들려고 할 때, 해파리가 보이면 반갑지 않습니다. 그러나 낚시 그물로 해파리를 떠내기 전에 그것의 레이스와 형태의 구조를 잘 살펴보세요.

　이처럼 자연 속 어디에나 우리가 '단순한 기하학적 형태'라고 부르는 모양이 있습니다. 그런 모양들은 끝이 없이 많이 있지요. 3조각, 4조각, 5조각, 6조각으로 단순하게 분할된 원 모양은 자연 속에 다양하고 아름답게 무한히 존재합니다. 자연의 질서 속에는,

세밀한 부분은 독특하지만 전체적으로 봤을 땐 질서가 잡힌 변화가 존재하기 때문이지요.

눈송이를 잘 살펴보세요. 잎이 6개인 이 얼음 꽃은 공중에서 바람과 추위에 시달리며 만들어집니다. 눈송이는 늘 육각 모양입니다. 이것은 눈송이만의 법칙이지만 눈송이 하나하나를 살펴보면 그 형태는 모두 다릅니다. 법칙 안에 자유가 있지요. 수학을 흥미진진하면서도 결코 쉽지 않게 만드는 것은 법칙 안의 변화 때문입니다. 수학은 단순하고 친숙한 것을 뛰어넘어 추상성과 상상의 영역으로 들어가는 것이기 때문이지요.

지금까지 살펴본 것들은 자연에서 관찰할 수 있는 놀라운 것들과 법칙들의 일부입니다. 우리는 자연과 접촉하는 법을 잊어버렸기 때문에 주의를 기울여야 그것을 볼 수 있습니다. 그러나 선사 시대 사람들은 자연과 자연의 위력에 무서울 정도로 가까이 있었습니다. 이들은 놀라운 자연의 모습을 강렬하게 보고 느꼈습니다. 고대인들은 이렇게 우주라는 드넓은 미술관에서 기하학을 배웠고, 그것을 석기 시대에 활용하게 됩니다.

3

석기 시대의
기하학

돌을 쪼아 도구를 만든 석기 시대 사람들은 삶을 더 편리하게 만들어 주는 '기술'과 삶을 더 즐겁게 만들어 주는 '예술', 이 2가지를 위해 기하학을 이용했고, 자연에서 기하학의 비밀을 빌려 왔습니다.

　석기 시대 사람들은 나무가 땅에 쓰러지는 모습을 보고 직선의 기동력을 느꼈습니다. 또 나무가 다른 나무로 비스듬히 쓰러질 때는 떠받치는 힘의 존재를 느꼈습니다. 무거운 바위를 밀 때는 자신의 몸이 기울어지며 힘을 낸다는 사실을 깨달았습니다. 이들은 오르막보다 평평한 땅에서 바위를 미는 것이 더 쉽다는 사실과 내리막에서 바위를 밀면 더 편하다는 사실을 알게 되었습니다.

　사람들은 각진 대형으로 날아가는 새들의 빠른 속도를 알게

되었습니다. 또 막대기 3개의 윗부분을 단단하게 묶으면 삼각대
가 만들어진다는 사실도 알게 되었지요. 또한 그들은 곡선이 쓸모
가 있다는 사실도 알게 되었습니다. 둥근 통나무는 굴러갔거든요.

이처럼 고대인들은 '선과 힘의 비밀'을 발견하기 시작했습니다.
그리고 자연에서 발견한 이 비밀을 다양하게 활용했습니다. 집을
떠받치고, 뾰족한 화살과 쐐기 모양 도끼를 만들고, 통나무 굴림
대를 만들고, 땅에서부터 높은 동굴 입구까지 판자를 비스듬하게
깔았지요. 기하학은 놀랍도록 유용했습니다. 그리고 장식을 하기에도
좋았지요.

고대인들은 하늘이 밤에는 별, 낮에는 구름들로 장식되어 있

음을 알아차렸습니다. 땅은 구불구불한 언덕, 산봉우리, 굽이치는 강, 꽃, 나무, 잔잔한 호수에 비친 모습, 움직이는 그림자로 장식되었습니다. 바닷가에서는 꼭대기에 거품이 뒤덮인 흰 파도가 넘실거리면서, 해변을 따라 부채꼴로 퍼지되 어느 정도까지만 왔다가 더 가까이 다가오지 않았고, 울부짖는 소리가 주기적으로 따라왔습니다. 새·꽃·파충류·물고기·나비·벌레는 다채로운 모양의 무늬가 있었습니다. 고대인들은 이 모든 것을 알아 가며 자연이 지닌 대칭과 조화와 다양함 속에서 '아름다움의 비밀'을 발견했습니다.

아마 무의식적이었겠지만, 이들은 이런 모양을 본떠 자신들을 장식하기 시작했습니다. 소라껍데기의 곡선, 끝없이 밀려오는 파도의 모양, 후두둑 튀는 빗방울, 번쩍이는 불꽃 모양을 본떴습니다. 그리고 이런 것들을 이용해 단순한 기하학무늬와 원과 점, 교차선과 평행선을 그렸습니다. 이들은 1000년 동안 이런 기하학무늬를 이용해 몸과 집과 소지품을 꾸몄습니다. 그리고 진흙과 황토를 몸에 발라 기하학무늬를 표현하기도 했지요. 사람들은 장신구와 도구, 그릇과 바구니에도 기하학무늬를 조각하고 짜 넣었습니다. 또 오두막과 신전을 꾸미는 데도 이용했습니다.

여러분은 아메리카 인디언의 원뿔형 천막집과 담요와 구슬 장식에서 이런 무늬를 자주 보았을 것입니다. 이런 무늬들이 해와 산과 나무와 번개 같은 자연 현상을 표현한다는 사실을 아나요? 원시인들은 어디에든 이런 무늬와 상징을 이용했습니다. 하지만 자연 현상 속에서 어떤 기하학 형태를 발견한 후 그것을 그림으로 그리기

까지는 무척 오랜 시간이 걸렸을 것입니다.

고대인들에게 가장 먼저 감탄의 대상이 된 기하학 형태는 원일 거예요. 최초의 고대인들조차 거대하고 붉은 석양에서, 희고 밝은 보름달에서, 친구의 둥근 눈동자에서, 웅덩이에 빗방울이 떨어질 때나 잔잔한 연못에 잎사귀가 내려앉을 때, 물 위로 넓게 퍼지는 동그라미에서 원 모양을 보았을 것입니다. 사람들은 이렇게 원을 보고 감탄할 수 있었습니다. 그러나 원 모양 물건이 없었던 먼 옛날에 원을 정확하게 그리는 것은 차원이 다른 문제였습니다.

오늘날 우리는 셀 수 있는 것보다 더 많은 원에 둘러싸여 있습

니다. 위와 아래, 주변을 둘러보세요. 얼마나 많은 원을 찾을 수 있나요? 부엌을 떠올려 봅시다. 부엌에서는 동그란 접시와 팬, 조리기에 있는 가스 화구나 전기 화구, 유리컵 테두리 같은 것들을 찾을 수 있습니다. 하지만 이것은 시작에 불과합니다.

어떤 학교에서 퀴즈 프로그램 시간에 질문을 던졌습니다. "강당에 얼마나 많은 원이 있을까?" 처음에는 100개라는 대답이 나왔습니다. 하지만 이것은 너무 적은 숫자였습니다. 두뇌 회전이 빠른 다른 학생들이 천장과 벽에 원 모양이 1만 개 정도 있다고 계산했습니다. 그 후 다른 학생들은 재킷마다 단추가 3개, 주머니마다 동전이 1개, 신발마다 끈 꿰는 구멍이 4개, 얼굴마다 눈이 2개씩은 있으니 거기에 학생 수를 곱해야 한다고 했습니다. 그러자 강당에는 원이 12만 개쯤 있다는 결과가 나왔습니다. 하지만 다른 경쟁자들은 이 계산에서 빠진 원이 더 있다는 사실을 깨달았습니다. 여자아이들의 옷에 있는 물방울무늬, 공책의 고리, 낱장으로 뺐다 끼웠다 할 수 있는 종이의 동그란 구멍, 그리고 바닥과 가구를 지탱해 주는 동그란 머리가 달린 수많은 못과 나사를 생각한 것이지요. 결국 학생들은 강당에 있는 원이 몇 개인지 세는 것을 포기하고 말았습니다.

이처럼 원은 우리 생활 어디에나 있습니다. 장식으로 쓰일 때도 있지만, 실용적으로 쓰일 때가 더 많습니다. 오늘날 우리는 '정확한 원'의 가치를 알기 때문입니다. 이런 정확성이 손목시계의 아주 작은 기계장치나 비행기 계기판의 눈금판 같은 것에서 얼마나 중요한 역할을 하는지 생각해 보세요.

　정확한 원 그리는 법을 발견한 것은 석기 시대 사람들에게는 위대한 업적이었습니다. 그러나 처음에는 이것을 어떻게 해낼 수 있었을까요? 여기에 대해 정확히 아는 사람은 없습니다. 누가 처음 그 비밀을 발견했는지, 그 사람이 여자인지 남자인지, 어린아이인지 같은 기록이 없기 때문입니다. 중심에서 원의 모든 지점까지의 거리가 똑같은 정확한 원이 처음 그려진 때나 장소에 대한 기록은 없습니다. 그러나 이 일이 어떻게 일어났는지는 상상력을 발휘해 추측해 볼 수는 있습니다.

　어쩌면 최초의 진정한 원은 말뚝에 묶인 동물 때문에 땅에 그려진 것일지도 모릅니다. 그 동물은 멀리 가려고 했지만 말뚝에 묶여 끈이 팽팽해지는 지점에서 빙빙 돌기만 했고, 그 동물의 발자국 때문에 땅에 원이 생겼을지도 모릅니다. 중앙에 있는 말뚝에서 원

둘레까지의 거리가 모두 똑같은 진짜 원 말이지요. 어쩌면 이런 식으로 '끈'이 원의 비밀을 가장 먼저 드러냈을지도 모릅니다.

　이 원을 본 고대 아이들은 새로운 놀이를 생각해 냈을 수도 있습니다. 아이들이 포도 넝쿨을 끈으로 삼아 발을 끌며 빙빙 돌아 땅에 발자국으로 완벽한 원을 남기는 모습을 쉽게 상상해 볼 수 있지요. 그러나 부모들은 이러한 초기의 원 그리기 놀이에 깊은 인상을 받지는 않았을 것입니다. 남자들은 사냥을 하느라 바빴고 여자들은 불을 관리하느라 바빴기 때문입니다. 이 위대한 발견은 수백 년 동안이나 어른들에게 그 진가를 인정받지 못했을지도 모릅니다.

　그러나 마침내 끈의 비밀이 인정을 받았습니다. 덕분에 선과 힘의 관계에 관한 쓸모 있는 지식들을 얻게 되었습니다. 자연을 본뜬 아름답고 장식적인 모양에 원이 더해졌습니다. 완벽한 원은 석기 시대에 천천히 커진 비밀 창고에 하나 더 생긴 기하학적 발견이었습니다.

고대 이집트와 바빌로니아 :
일상에서 시작된 기하학

4

그림자
읽기

이제 우리의 이야기는 더욱 흥미진진하고 새로운 방향으로 접어들 것입니다. 이것은 역사가 기록되기 직전의 일로, 장소는 고대 메소포타미아 지역(티그리스 강과 유프라테스 강 사이에 있는 지역. 수학이 발달했던 바빌로니아 왕국도 이곳에 자리하고 있었다.—옮긴이)과 이집트 지역이었습니다. 그리고 기하학은 원시적인 시작 단계에서 땅을 측정하는 고대의 실용 기술로 탈바꿈하려는 참이었습니다.

신석기 시대 사람들은 생활에 급격한 변화가 일어나서, 학자들이 '혁명'이라고 부르는 사건을 겪었습니다. 그리하여 그들은 이제 사냥꾼과 어부가 아니라 목동과 농부가 되었습니다. 그리고 이처럼 새로운 역할을 하면서 자연에서 황홀하고 또 새로운 비밀을 깨닫게 되었습니다. 그 비밀이란 태양이 보내는 메시지인 그림자를 읽어 시간을 측정하는 방법이었습니다. 깨달음이 오랜 세월 쌓여야 지식이 얻어지므로, 기하학을 이용한 새로운 기술 역시 아주 천천히 발견되었습니다.

구석기 시대 사람들은 들짐승을 사냥하고 그 대가로 사냥을 당하기도 하면서, 기진맥진한 시간을 보냈습니다. 그들은 동굴과 밀림에 들어가, 광활한 초원과 숲을 지나면서 검치호랑이와 매머드, 수퇘지를 사냥했습니다. 그리고 자신들 역시 짐승에게 추격을 당하고 짓밟히고 공격을 받았습니다. 그러다가 어떤 유목 집단이 나일 강, 그리고 티그리스 강과 유프라테스 강이라는 거대한 강 유역에 도착했습니다. 이 일이 있기 전에 그들은 오랫동안 고기나 생선과 함께 먹기 위해 산딸기와 과일, 견과류를 채집했습니다. 하지만 이곳에서 우연히 맛 좋은 야생 곡물 얻는 법을 알게 되었지요. 그리고 건기가 찾아와 강바닥이 드러났을 때, 바람이나 사람의 몸에 붙어서 강 진흙 곳곳에 흩어진 곡물들이 싹을 틔운다는 사실을 발견했습니다. 목이 말라 강으로 모여든 동물들은 덫에 걸려 우리에 갇혔고, 사람들은 거대한 강이 흐르는 '비옥한 초승달 지대(서아시아의 고대 문명 발생지를 가리키는 말—옮긴이)'에서 직접 식량을 재배하기 시작했습니다. 이 넓고 안전한 곳에서, 사람들은 가축에게 물을 주고 땅을 경작했습니다. 또 이들은 계절이 바뀌어도 함께 살았고, 계획을 세우고 꿈을 꿀 정도로 한가한 시간을 보내기도 했습니다.

그중 가장 한가한 사람은 양치기였습니다. 양치기들은 이글거

리는 태양 아래서 가축을 지켜보다가 큰 바위의 그늘로 피했습니다. 낮에는 시원한 그늘 아래 있기 위해 여러 번 자리를 옮겨야 했습니다. 어쩌면 낮 동안 위치와 길이가 달라지는 그림자 끝에 가장 먼저 돌을 놓은 사람은, 단조롭고 긴 하루에 싫증이 난 어느 양치기였을지도 모릅니다. 우리는 이들이 시간을 알아내는 법을 발견한 최초의 과학자라고 생각할 수 있습니다. 양치기들은 집에서 먼 곳까지 갔을 때, 그림자를 보고 되돌아가야 할 때를 파악했을 것입니다. 그들은 그림자가 방향을 가리킨다는 사실도 발견했습니다. 하지만 이들

은 아직 거리를 측정할 필요는 느끼지 못했습니다. 방랑하는 목동
과 농부들은 여전히 야생 풀밭과 개울을 따라 이곳저곳으로 집을
옮겨 다녔기 때문입니다.

　　그러나 이들에게 시간은 이미 중요한 것이었습니다. 사람들은
하루의 시간을 측정하는 유용함에 관해 이야기하면서, 1년을 측정
하는 유용함에 관해서도 생각했을 것입니다. 처음에는 식물을 심
고 씨를 뿌리고 수확을 하기에 적당한 계절이 언제인지를 어림짐작
했습니다. 그러다 실수도 많이 하고, 필수 작물도 잃었을 것입니다.

그렇다면 이들은 어떻게 했을까요? 태양이 하루의 시간을 구별해 준다면, 다른 시간을 측정할 때도 하늘을 살펴보면 되지 않겠느냐고 생각하지 않았을까요?

나무에서 꽃이 피고, 시간이 흘러 열매를 맺자 새가 나무의 첫 열매를 쪼아 먹었습니다. 남은 열매들은 점점 커지고 여물기 시작했습니다. 이후 땅은 말라붙고 나뭇잎이 떨어졌습니다. 강은 일정한 간격으로 범람을 반복했습니다. 계절마다 분명히 일정한 방식이 되풀이되었습니다. 하늘에 이 모든 것에 대한 실마리가 있었을까요?

이들은 낮에는 햇빛과 그림자를, 밤에는 빛나는 별을 주의 깊게 바라보았습니다. 그래서 사람들은 모든 변화의 징후를 하늘에서 찾기 시작했습니다. 양치기들이 밤을 지새울 때 하늘은 그들에게 다양한 볼거리를 제공해 주었습니다. 별들의 빛나는 행렬이 하늘을 가로질러 갔고, 그중에는 특히 밝게 떠도는 별이 있었습니다. 밤하늘의 달은 나타났다가 점점 커지다 사라졌습니다. 그리고 이 흥미로운 순환이 몇 번이고 되풀이되기 시작했습니다. 고대의 별 관측자들은 달이 똑같은 일과를 보내는 동안 그 속에서 반복적인 양식을 발견했습니다.

태양도 반복적인 양식을 따르는 것 같았습니다. 낮이 점점 길어지면서 그림자 역시 천천히 길어지는 때가 있었습니다. 그러다가 변화가 일어나 낮이 점점 짧아지고 그림자는 더 일찍 길어졌습니다. 그리고 이런 현상도 몇 번이고 되풀이되었습니다. 하늘과 땅에서 이렇게 주기적으로 끊임없이 되풀이되는 방식에는 어떤 연관이 있는

것이 분명했습니다.

고대의 양치기들은 모닥불을 둘러싸고 앉아 달·그림자·계절·낮의 길이의 일정한 변화에 관해 이야기했을 것입니다. 달·별·해·그림자는 그들의 일과에 늘 존재하는 이정표였습니다. 그림자는 하루 동안 바뀌었고, 달은 한 달 동안 바뀌었으며, 행성들은 1년에 걸쳐 자리를 옮겼습니다. 그래서 이 고대의 별 관측자들은 달이 바뀌는 동안 30일을 셌습니다. 그리고 꽃이 핀 나무에서 새가 처음 노래한 때부터 나무에서 다시 꽃이 피고 새가 다시 돌아올 때까지, 달이 12번 바뀌는 모습을 지켜보았습니다. 그리하여 이들은 360일로 이루어진 대강의 달력을 만들었습니다. 이것을 최초의 수학 공식이라고 부를 수 있습니다. 이 최초의 달력이 부정확했기 때문에 사람들은 이것을 더 정확하게 만들기 위해 수백 년 동안 하늘과 그림자를 연구하느라 바빴습니다.

그림자와 그림자 읽는 법은 장차 기하학이라는 학문에 매우 중요한 요소가 될 것입니다. 그러나 여기에 대한 이야기는 더 나중에 나옵니다. 지금은 직접 그림자를 읽으면서, 즉 신석기 시대 이후의 사람들이 그랬듯이 그림자가 시간에 관해 알려 주는 내용을 파악하면서 즐거움을 느껴 보세요. 그림자는 재미있기 때문에 어렵지 않을 것입니다.

태양은 뛰어난 예술가입니다. 햇빛이 비치는 날 걸음을 옮기면 태양은 여러분이 움직이는 그림을 묘사합니다. 태양은 밝은 초록색 잔디에, 잎으로 뒤덮인 나무의 형태와 모양을 검푸른 색과 자주색으로 그려 줍니다.

여러분은 이미 그림자에서 태양의 메시지 읽는 법을 알 것입니다. 해변에서 파라솔의 시원한 그늘 아래에 누워 있다가 갑자기 얼굴에 뜨거운 햇빛이 비친다는 사실을 깨달은 적이 있나요? 여러분은 움직이지 않았지만 그늘이 움직인 것입니다. 아니면 저녁을 먹으러 집에 가야할 때가 된 것은 아닌지 궁금해져서 그 단서를 찾기 위해 그림자를 본 적이 있나요? 아마 여러분은 소형 시계를 직접 만들 생각은 해보지 않았을 것입니다. 그 대신 물놀이를 할 때 모래 속에 막대기를 똑바로 꽂아 두고, 그림자의 길이와 방향이 변하는 모습을 살펴보세요. 그림자가 집에 갈 시간이라고 알려줄 때까지 말이에요.

시간을 측정하기 위해 그림자의 메시지를 신경 써서 연구하면 훨씬 재미있을 것입니다. 그림자의 특성을 관찰하여 실시간으로 기록해 두세요. 운동장이나 경기장에 놀러 가면서, 그림자 끝에 표시를 해두세요. 그리고 나가기 직전의 그림자 길이와 방향에 일어난 변화를 잘 살펴보세요. 모든 그림자가 동시에 똑같은 방향을 가리키는지 관찰해 보세요. 기억할 수만 있다면, 예를 들어 3시 30분에 그림자 길이와 방향을 기록해 둔 다음, 한 달 후 똑같은 시간에 시험을 해보세요.

그림자 시계와 해시계에 대해 알아보세요. 이것들은 여러분에게 그림자가 예전에는 어떻게 이용되었는지를 알려 줄 것입니다.

그림자 읽기는 오늘날에도 무척 중요합니다. 숙련된 과학자들은 항공 사진을 읽습니다. 그들은 날짜와 시간, 카메라의 위치만 알면 그림자를 이용해 달에 있는 산의 높이와 간격 같은 것들을 파악할 수 있습니다.

역사가 시작되기 전, 그림자를 읽는 것은 인간의 생활에 반드시 필요한 것이었습니다. 고대 농부들과 목동이 살던 그때는 그림자로 만든 세계 최초의 달력으로 낮과 밤, 달의 변화, 풍년이 들 계절을 측정했기 때문입니다.

5

밧줄
측량사

마침내 문명의 새벽이 밝았습니다. 그리고 그와 더불어 밧줄 측량
사들의 노력으로 실용 기하학이 시작되었습니다.

　사람들은 고대 문명을 세우기 위해 정착지에 함께 살아야 했
습니다. 모여 산다는 것은 크나큰 이점이 있기도 했지만 크나큰 책
임감이 따른다는 뜻이기도 했습니다. 나일 강, 그리고 티그리스 강
과 유프라테스 강이라는 안전한 지역에서 함께 사는 사람들은 그
이점을 잘 알고 있었습니다.

　기원전 수천 세기의 고대 문명들은 저마다 땅에 밭 구역을 표
시하거나 관개용 운하, 홍수 대비 유역 등에 관한 기록을 남겼습니
다. 가장 앞선 기록은 기원전 5000년경으로 거슬러 올라가는데 그

때는 고고학자들이, 세상에서 가장 오래된 마을로 알려진 시리아의 자르모 마을이 있었을 것으로 추정하는 시기입니다. 그리고 이런 대부분의 유적들은 숙련된 측량사들이 한 일을 보여 줍니다. 유적들이 직선과 직각을 이용해 배치되어 있기 때문입니다.

오늘날 우리는 직각을 당연한 것으로 여기지만, 우리 생활에서 직각이 얼마나 큰 역할을 하는지 생각해 본 적이 있나요? 농경지 위를 날아본 적이 있다면, 논밭이 직사각형으로 배열되어 조각보를 이어 붙인 누비이불처럼 펼쳐진 모습을 보았을 것입니다. 울타리는 토지 한 구획을 다른 구획과 똑같은 직사각형으로 구분합니다. 그리고 직사각형의 모퉁이는 직각입니다.

차를 타고 시골길을 갈 때, 전신주와 울타리 기둥, 나무, 집이 모두 땅과 직각을 이루며 똑바로 서 있는 것을 보았나요? 여러분은 직각이 없는 풍경을 상상할 수 있나요? 시속 80킬로미터로 운전을 할 때, 기둥들이 아무 방향으로나 서 있는 광경을 상상해 보세요. 또 집과 창문이 아무 쪽으로나 기울어져 있고, 방에 있는 벽이 안쪽으로 기울어져 있다고 생각해 보세요. 분명 우리는 안정감을 잃고 불안해 할 것입니다.

오늘날 우리는 직각에 익숙해진 나머지 주변에 직각이 있다는 것을 알아차리지도 못합니다. 방을 둘러보세요. 눈에 보이는 직각을 세는 데 시간이 얼마나 걸릴까요? 이 책만 해도 직각은 모든 페이지의 네 귀퉁이에 있습니다. 그리고 알파벳 L, T, E, H의 구조에서도 직각이 나타납니다. 현대에 직각은 원처럼 어디에나 있습니다. 그러나 고대 문명에서 직각은 당연한 것이 아니었습니다. 끈의 도움으로 이룬 중요한 발견이었습니다. 그것은 집단으로 모여 함께 사는 사람들의 중요한 욕구를 채워 주었습니다.

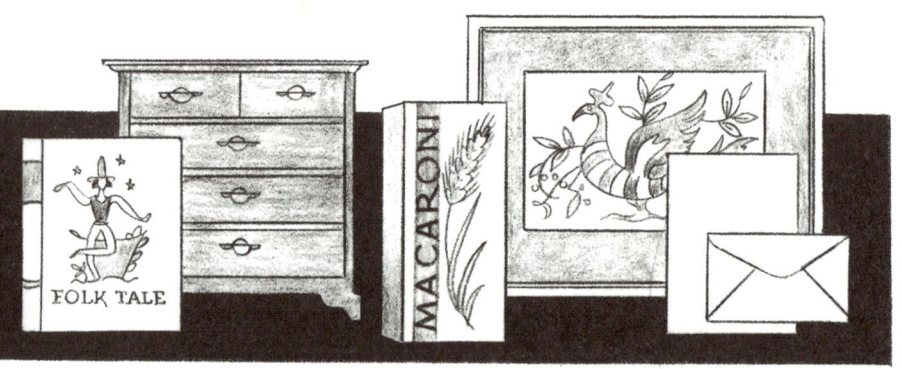

고대 농부들이 겪은 어려움 중 하나는 밭에 소유권을 표시하는 일이었습니다. 농부들은 자신의 토지를 보호하고, 평화롭고 안전하게 더 나은 삶을 누릴 수 있도록 다른 사람들의 토지를 존중해야 했습니다.

밭에 가장 적합한 모양은 무엇이었을까요? 지금 고대인들이 처음으로 밭을 배치할 시도를 하고 있다는 사실을 기억하세요. 사람들은 굽이치는 호숫가와 하늘을 배경으로 들쭉날쭉 솟은 산맥, 다양한 구름 모양에 익숙했습니다. 그러나 논밭의 경계가 불규칙하면 실용적이지 않을 터였습니다.

고대인들에게는 이때 도움을 받을 만한 규칙적인 무늬가 있었습니다. 원시 시대였지만 사람들은, 갈대를 엮어 흙바닥을 덮는 매트를 만들 줄 알았지요. 천을 짜는 씨줄과 날줄은 직사각형입니다. 그리고 이렇게 짠 매트가 흙바닥을 덮는 것처럼, 직사각형 모양은 밭의 경계를 표시해 줄 수 있었습니다. 천을 짤 때는 직사각형 모양을 만들 수 있었습니다. 그러나 이 모양을 어떻게 땅에 적용할 수 있었을까요?

초기의 해결책 중 일부분은 우리에게 알려졌습니다. 무덤과 신전 벽에, 밧줄로 만든 측정기를 보여 주는 그림들이 있어 우리에게 전해졌기 때문입니다. 사람들은 튼튼한 밧줄을 만들기 위해 억센 포도 넝쿨을 이용하거나 갈대를 꼬았을지도 모릅니다. 그리고 쭉 이어진 밧줄로 두 이웃 간의 경계를 표시했을 것입니다.

그러나 한 사람의 땅은 이웃들의 땅과 사방이 맞닿아 있었습니다. 모서리는 처음에 손으로 표시했을 것입니다. 그러나 사람들은 손으로 그린 경계보다 더 믿음직한 것을 원했습니다. 남은 문제는 정확한 직각 모서리를 어떻게 찾아내느냐 하는 것이었습니다. 메소포타미아나 이집트에서 이것이 맨 처음 어떻게 실행되었는지는 역사가들이 결코 대답할 수 없는 문제입니다. 그러나 우리에게는 몇 가지 단서가 있습니다.

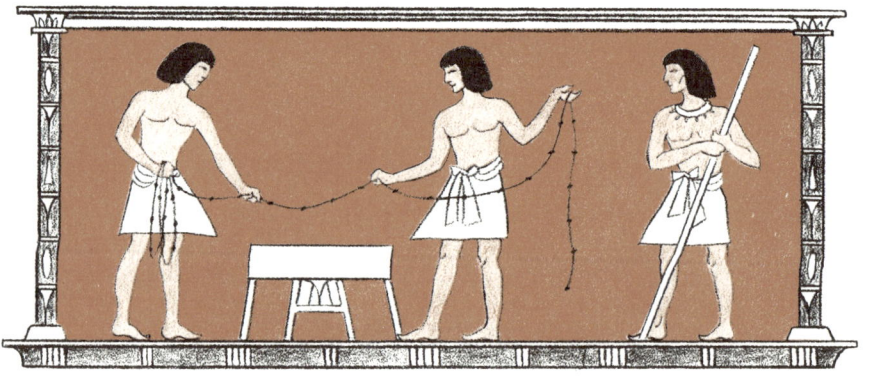

수천 년 전의 벽화에는 마디가 울퉁불퉁한 밧줄을 끄는 이집트 측량사들의 그림이 있습니다. 고대 측량사들은 이 때문에 '밧줄 측량사'로 불렸던 것 같습니다. 이 고대의 밧줄 측량사들은 밧줄에 일정한 간격으로 매듭을 짓고 그 매듭을 몇 개씩 배치해 면을 만들면 정확한 직각이 생긴다는 사실을 알았을 것입니다. 사람들은 이 것을 어떻게 알아냈을까요? 아마 발견했다가 놓치기를 수없이 반복했을 것입니다. 우리는 혹시 이런 식이지 않았을까, 상상만 할 따름이지요.

아마 어떤 이집트 밧줄 측량사들은 낮이 무척 더운 탓에 평소보다 더 피곤해서, 어림짐작으로 직각을 잡았을 것입니다. 직선을 편 다음, 다른 밧줄을 가운데에 교차하려고 했겠지요. 뜨거운 태양 아래에서 이것은 고된 일이었습니다. 고른 간격으로 매듭지은 측정용 밧줄이 3개, 때로는 4개가 필요했습니다.

우선 이들은 직선을 만들어야 했습니다. 그러려면 땅의 양 끝에 말뚝을 단단히 박고 그 사이에 매듭진 밧줄을 팽팽하게 묶어야 했습니다. 그 다음에 사람들은 그 직선의 가운데를 찾아 중심 말뚝을 박았습니다. 그 후 낙낙하게 쓸 수 있는 훨씬 긴 밧줄을 가져와 양끝 말뚝에 묶었습니다. 이 밧줄의 가운데를 붙잡고 중심 말뚝의

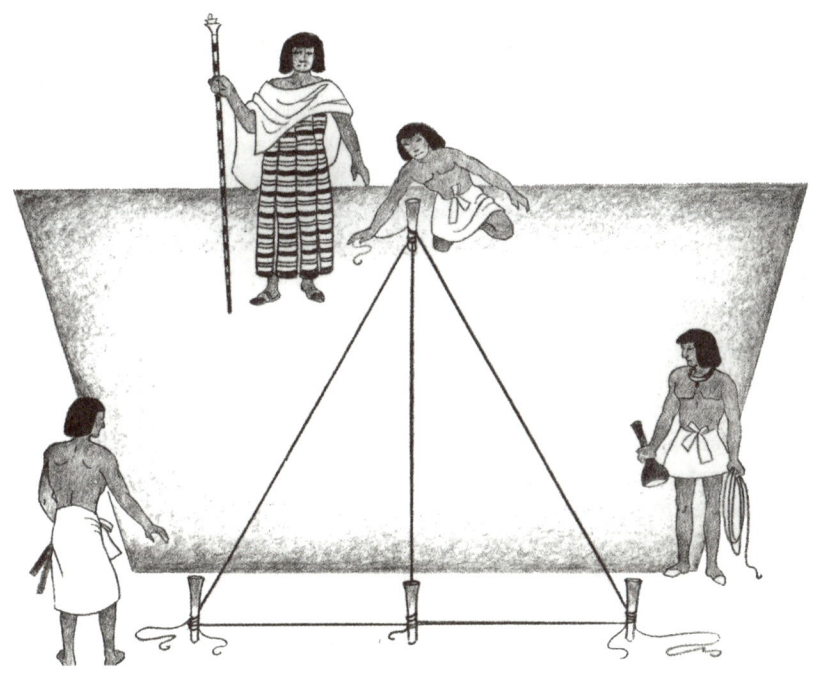

맞은편으로 가능한 한 멀리 잡아당겨서 그것을 붙들어 줄 보조 말뚝을 박았습니다. 마지막으로, 그들은 이 보조 말뚝과 교차하는 밧줄을 다시 중심 말뚝까지 이었습니다. 직각을 만들려면 이렇게 해야 했습니다. 이 정도면 직각이 만들어진 것 같았습니다. 그러나 감독관이 까다롭게 굴어서 이들은 반대쪽으로도 똑같은 작업을 되풀이해야 했고 하루가 다 가도록 고생을 해서 마침내 밧줄을 완벽하게 배열했습니다.

아마 정오에 모두가 일을 멈추고 야자나무 숲 그늘에서 쉴 때, 한 사람이 자리에 남아서 땅에 뻗어 있는 밧줄을 지겹다는 듯이 살펴보았을 것입니다. 그는 오래전에는 밧줄을 어렵사리 접어 가운데 지점을 찾아냈지만 이제는 홀수로 매듭지은 밧줄을 쓰면서 가운데 밧줄까지의 칸을 세기만 하면 된다는 사실을 떠올렸을 것입니다. 그는 직각을 재는 데도 더 간단한 방법이 있지 않을까 하는 생각으로 계산을 하기 시작했습니다. 방법이 있었습니다. 바로 '3-4-5 직각'이

었습니다. 밧줄의 한쪽 가닥에는 매듭 사이의 공간이 3칸, 다른 가닥에는 매듭 사이의 공간이 4칸, 그리고 직각의 맞은편인 긴 쪽은 5칸이었습니다. 밧줄 하나에 이렇게 간단한 치수를 적용하면 힘을 거의 들이지 않고 그들에게 무척 필요한 '직각'을 얻을 수 있었습니다. 밧줄의 매듭을 묶는 사람들은 치수가 3-4-5칸인 커다란 매듭 밧줄도 만들 수 있을 것이었습니다. 이 밧줄만 있으면 그것을 고정해 어디에서든 몇 분 안에 직각을 만들 수 있었습니다. 이런 우연으로 인해 혹은 이런 우연이 여러 차례 이어지며 끈은 완벽한 직각에 대한 비밀을 밝혀냈습니다.

측량사들은 밧줄을 이용해 밭의 모든 면과 모서리에 정확한 직각을 표시할 수 있게 되었으므로, 그것을 열심히 실행에 옮겼습니다. 매년 홍수가 나면 비옥한 흑토가 몰려들어 밭의 경계 표시를 덮어 버렸고 밭을 다시 측량해야 했기 때문입니다.

밧줄 측량사들에게는 또 다른 문제가 있었습니다. 홍수기가 지나면 건조기가 오래 이어져 대비를 해야 했기 때문이지요. 땅에 물을 대려면 서로 연결된 운하가 필요했습니다. 운하를 파는 것은 새로운 문제를 발생시켰습니다.

여러분이 도랑을 파려고 해보았다면 바닥을 평평하게 하고 바닥과 옆면을 직각으로 만드는 것이 얼마나 어려운 일인지를 알 것입니다. 도랑에 물을 흐르게 할 경우, 이것은 무척 중요한 문제입니다. 물은 위쪽으로 흐르지 않으며, 아래쪽으로 흐를 때 한 곳으로 모이기 때문입니다. 그리하여 바닥이 평평한 관개수로를 만들고 옆면을 직각으로 할 방법을 찾아내야 했습니다. 이를 위해서 밧줄 측량사들은 길이가 똑같은 곧은 막대기 2개를 가져다가 각이 생기도록 포개어 붙였습니다. 그런 다음 가로대로 그 각을 지지해서, 우리가 쓰는 알파벳 'A'와 비슷한 모양을 만들었습니다. 그리고 마지막으로 각의 꼭짓점에서 추를 매단 줄을 늘어뜨렸습니다.

　각을 잡은 두 막대기가 평평한 땅에 세워지면, 줄은 가로대 중앙을 지나 아래로 똑바로 늘어졌습니다. 땅이 평평하지 않으면 줄은 중앙에서 벗어났습니다. 이들은 수로의 벽이 수직인지 아닌지를 확인하기 위해, 추를 단 줄을 벽에 대고 늘어뜨렸습니다. 이들은 이렇게 수평기와 다림줄로 수로와 운하를 측량하는 데 필요한 중요

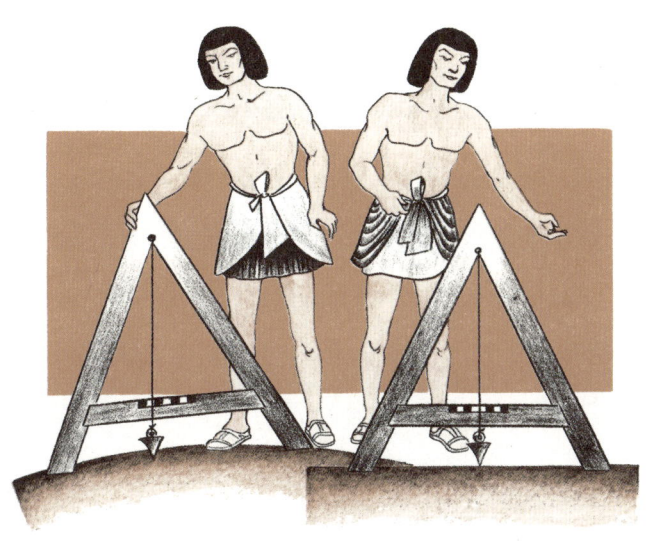

한 작업을 수행했습니다.

　　밧줄 측량사들은 집단생활의 또 다른 큰 문제를 해결하는 데도 도움을 주었는데, 그 문제란 바로 세금입니다. 세금은 밭의 크기에 따라 부과되었기 때문에, 먼저 면적을 측량하는 법을 찾아야 했습니다. 길이를 측정하는 데 쓸 수 있는 방법은 2가지였습니다. 우선 밧줄로 길이를 잴 수 있었습니다. 밧줄 1개를 2번 써서 2배로 이용하거나, 접어서 절반을 잴 수 있었습니다. (간격이 고른 매듭 밧줄은 좋은 측량 도구였지요.) 또 신체의 일부를 길이 단위로 쓸 수 있었습니다. 손가락 너비, 손바닥 폭, 손을 쫙 폈을 때 엄지에서부터 새끼손가락에 이르기까지의 길이인 한 뼘 등이 길이 단위로 이용되었지요. 여러분은 '노아의 방주' 크기가 '큐빗^{cubit}'이라는 길이 단위로 만들어졌다는 사실을 아나요? 큐빗은 팔꿈치에서부터 가운뎃손가락 끝까지의 길이랍니다.

그러나 인간의 몸은 면적을 측량하는 편리한 단위를 제공하지는 못했습니다. 사람들은 하루의 작업량으로 밭의 크기를 설명해야 했습니다. 그러나 어떤 농부들은 다른 농부들보다 일하는 속도가 더 빨랐고, 소들도 마찬가지였습니다. 여러분은 여기에서 논쟁이 일어났으리라는 것을 예상할 수 있을 것입니다. 그토록 먼 옛날에도 사람들은 정확한 측량이 평화를 유지하는 방법이라는 사실을 알았습니다.

이번에도 매트 짜기가 해결책을 주었습니다. 고대인들은 매트를 짜면서 작은 사각형 무늬를 보았지요. 그리고 직사각형의 변을 똑같은 길이로 만들어 정사각형을 만들 수 있었습니다. 이 정사각형이 면적 측량의 단위가 되었답니다.

당연하게도, 밧줄 측량사들은 이런 문제를 풀면서 고대 집단에서 중요한 인물로 자리 잡았습니다. 그들 역시 밧줄 측량사가 된 것을 자랑스러워했습니다.

고대 이집트에서는 나일 강이 범람해, 관개수로가 진흙으로 막히고 경계 표시가 흙에 묻혔을 때 마을 전체가 그것을 치우기 위해 다 함께 나섰습니다. 이런 집단을 이끄는 밧줄 측량사는 일을 감독하는 그 지역의 추장이었습니다. 주민들은 추장들에게 토지의 면적에 따라 곡물이나 아마섬유로 세금을 냈습니다. 또 숭배에 가까운 존경심을 품었습니다.

문명 전체가, 밭에 영양분을 공급하고 식량을 주는 물에 의존하고 있었기 때문에 고대의 밧줄 측량사들은 생명을 주는 신성한 존재로 추앙받았습니다. 그리하여 이 집단에서 그 지방의 우두머리가 나왔고 마침내는 국가 지도자가 나왔습니다. 이것은 오랫동안 계보를 이은 이집트 파라오의 시작이었습니다.

고대 이집트인들은 파라오의 시신을 묻기 위해, 지금까지도 수많은 여행자들이 놀라워하고 감탄하는 거대한 피라미드 무덤을 지었습니다. 이 피라미드는 고대의 실용 기하학이 낳은 걸작입니다. 피라미드는 줄로 재서 만든 직각과 정사각형의 정확성, 그리고 피라미드 형태가 견고하다는 것을 그토록 일찍부터 깨달았다는 사실 때문에 오늘날에도 불후의 기념물로 생각됩니다.

피라미드 건축가들은 직각을 이용해 방위를 정확하게 배치했습니다. 그들은 정오마다 그림자가 가리키는 방향을 남북 방향 선으로 생각했습니다. (이것은 자리가 고정된 별의 위치로 확인했지요.) 그 선을 기준으로 직각으로 쭉 뻗는 선을 그려서 동서 선을 잡았습니다. 이 두 가지 선이 늘 기준선이 되었습니다. 피라미드의 사각형 토대의 각 변은 정확히 동서남북을 가리킵니다. 게다가 이 정확성은 아주 오래전에 얻은 것이지요.

세계에서 가장 오래된 인공 석조 건물은 이집트 사카라에 있는 계단식 피라미드 무덤입니다. 이 무덤은 기원전 2750년경에 지어졌습니다. 사각형 밑변은 매듭 밧줄을 이용해 고정되었고, 뾰족한 꼭대기로 갈수록 계단이 줄어들며 점점 좁아집니다. 진정한 피라미드 형태의 전신이지요.

한 세기가 지나 대피라미드가 지어졌습니다. 현재 남아 있는 벽화는 우리에게 대피라미드를 짓는 작업이 어떻게 시작되었는지를 보여 줍니다. 벽화는 그 당시 피라미드와 신전을 배치할 때 치렀던 화려하고 웅장한 의식을 표현하고 있습니다. 오늘날 중요한 건물의 주춧돌을 놓을 때 주요 정부 관리들이 참석하는 것처럼, 피라미드의 기초를 놓는 것은 거의 5000년 전인 당시에 무척 대단한 행사였습니다.

피라미드를 지을 장소가 선정되면 이 행사가 거행되었고, 여기에는 밧줄 측량사들이 참석했습니다. 어마어마한 관중 사이로, 파라오와 그의 수행원단이 의식을 치르기 위해 무대로 행진했습니다. 이 인상 깊은 행사는 '풋서Put-ser'라고 불렀는데, 이것은 '끈을 늘이다'라는 뜻입니다.

이 고대 벽화는 금 망치를 든 파라오의 모습을 보여 줍니다. 고대의 비문에는 파라오가 다음과 같은, 위엄 있는 밧줄 측량사다운 말을 했다고 기록하고 있습니다.

"나는 나무 말뚝을 들고 있노라. 망치의 손잡이를 쥐고 있노라. (별의 여신인) 세스헤트와 함께 끈을 붙잡고 있노라. 나는 떠오르는 별자리의 행로를 향해 얼굴을 돌리노라. 큰곰자리에 내 시선을 주노라. 나는 신전의 네 모서리를 확립하노라."

별
관측자들

티그리스 강과 유프라테스 강 유역의 메소포타미아 문명은 이집트 문명과는 다른 방향으로 발달하고 있었습니다. 실용 기하학도 마찬가지였습니다. 이것은 원을 분할하고, 세계 최초의 체계적인 천문학자가 된 별 관측자들의 업적 덕분이었지요.

　우리는 티그리스 강과 유프라테스 강 유역의 고대 별 관측자들에게 밤하늘이 어떻게 보였을까를 상상할 수 있습니다. 그 당시 사람들은 친숙한 별들이 하늘을 가로질러 가는 모습을 지켜보았습니다. 그들은 별자리가 거대한 서커스 행렬처럼 행진하며 펼치는 위대한 드라마를 보았지요.

　고대인들은 별이 빛나는 밤하늘을 보며 인간과 동물의 모습

을 포착한 후 그것을 영웅이나 신들과 연관 지었습니다. 그리고 이런 생각을 다른 사람들에게 전했고, 우리는 지금도 그토록 오래전에 지은 이름으로 별자리를 부릅니다. 그리고 우리는 지금도 수천 년 전 사람들이 별을 관측하며 만든 도구에서 유래한 방향 탐지기를 이용합니다.

평원에 사는 민족, 즉 수메르인과 칼데아인, 바빌로니아인들이 넓은 평원 지대를 이동하고 방랑하고 전쟁을 치르기 위해서는 길잡이가 필요했습니다. 그래서 그들은 별을 길잡이로 삼았습니다. 이것은 고대 이집트인들은 겪지 않았던 일이었습니다. 그동안 나일 강 유역의 이집트 문명, 티그리스 강과 유프라테스 강 유역의 메소포타미아 문명은 땅을 측량하고 관개수로를 만들면서 같은 방향으로 발달했습니다. 그러나 두 문명은 지리적 조건이 서로 달랐기 때문에 점차 다른 방향으로 발달하게 됩니다.

나일 강은 상이집트와 하이집트를 명확하게 구분해 주었습니다. 또 이집트는 폐쇄적인 지역에 자리하고 있었기 때문에 수백 년 동안 외부의 침략으로부터 자유로웠지요. 그리하여 주민들은 평화로운 예술을 추구할 수 있었습니다. 5000년도 더 지난 지금까지 벽화가 남아, 이집트인들이 일하고 노는 모습을 보여 줍니다. 우리는 그들이 능률적이고 호화롭고 예술적인 환경에서 부지런히, 때로는 한가롭게 살아가는 모습을 볼 수 있지요.

그러나 메소포타미아, 혹은 '두 강 사이의 땅'이라고 불리는 티그리스 강과 유프라테스 강 유역은 넓은 평원에 작은 도시들이 점점이 흩어져 있었습니다. 유목 부족들은 평원을 돌아다니며 부족끼리, 혹은 도시 주민들과 전쟁을 벌였습니다. 그리고 많은 도시 국가들 역시 서로 전쟁을 벌였습니다. 여기에 남아 있는 벽화들은 전사와 전차, 무기, 전쟁 기계를 보여 줍니다.

평원의 민족들은 이렇게 끝없는 전쟁 상태에 있었을 뿐 아니라, 물건을 파는 상인이기도 했습니다. 그들에게는 나무나 금속이 없었지만 도시에는 그 2가지가 모두 필요했습니다. 그래서 나귀와 낙타가 이끄는 짐마차와 범선으로 구성된 소함대가 이웃 나라나 먼 나라와 물물교환을 하기 위해 끊임없이 길을 나섰습니다. 하지만 문제가 생겼습니다. 메소포타미아는 너무 광활하고, 눈에 띄는 지형 지물이 거의 없어서 사람들은 전쟁이나 여행을 하기 위해 방향을 파악할 방법을 찾아야 했던 것입니다. 해결책은 별 관측자들이 발견했습니다. 그리하여 이 고대 천문학자들은 나일 강 유역의 밧줄 측량사들처럼 무척 존경받았지요.

　이집트인들은 관개수로를 건설하고 유지할 수 있도록 해주는 밧줄 측량사들 덕분에 풍부한 농작물을 얻는다고 생각했습니다. 한편 메소포타미아 민족은 하늘에서 내려온 메시지가 계절을 통제한다면 인간의 행위도 통제하는 게 분명하다고 믿었습니다. 그들

은 천체의 움직임이 중요한 인간사를 관리하고 예측한다고 생각했고, 그래서 그런 움직임을 연구하는 별 관측 사제들을 믿었습니다.

나일 강 계곡에서 사람들은 파라오를 위해 무덤을 지었습니다. 티그리스 강과 유프라테스 강 유역에서는 아주 높은 지구라트(둘레에 네모반듯한 계단이 있는 피라미드 모양 구조물-옮긴이) 꼭대기에 별 관측자들을 위해 하늘의 신들을 향한 신전을 지었습니다. 이 높은 연단에서, 사제인 별 관측자들은 하늘을 더욱 잘 살피며 인간사를 이끄는 별의 움직임을 더욱 잘 연구하고 해석할 수 있었습니다.

이런 신전은 주민들의 삶을 이끌어 주었습니다. 주민들은 그 답례로 별을 관측하는 사제들에게 가축과 곡물을 바쳤습니다. 이 중에서 일부는 신들에게 바치는 제물로, 일부는 국가를 지탱하기 위해 신전 금고에 보관할 세금으로 쓰였습니다.

이윽고 신전은 관측소가 되었습니다. 그리고 별 관측자는 천문학자가 되어 멀리 떨어진 별들의 행로를 측정하는 문제를 풀었습니다. 별 관측자들은 이미 그림자에서 시간과 방향에 관한 메시지를 읽었습니다. 한 해 동안 해가 뜨고 지는 위치가 변하는 것을 목격했던 것입니다. 그들은 달이 주기적으로 차오르고 기우는 모습을 보고 고대 달력을 바로잡았습니다. 하늘을 가로지르는 별무리의 한결같은 움직임, 붙박이별과는 달리 방랑하는 행성의 이동 경로를 지켜보았습니다.

그러나 이들에게는 이 빛나는 행렬을 좀 더 정확히 측정할 도구가 필요했습니다. 주민들은 땅을 여행하기 위해 방향을 판별할 수단이 필요했고, 사제들은 하늘의 별이 움직이는 경로를 측정할 수 있는 수단이 필요했습니다. 이런 필요성은 그들이 원에 대한 매우 중요한 비밀을 찾을 수 있도록 이끌었습니다.

어떤 별 관측자가 이것을 언제, 어디에서 발견했는지 우리는 모릅니다. 두 별이 벌어져 있는 정도를 각도로 재자는 생각은 무척 오래된 것이 분명합니다. 줄을 들고 두 별 사이의 거리를 측정하는 것은 쓸모가 없었습니다. 줄을 눈에 가까이 대면 거리는 변하니까요. 하지만 각은 어떻게 잴 수 있었을까요?

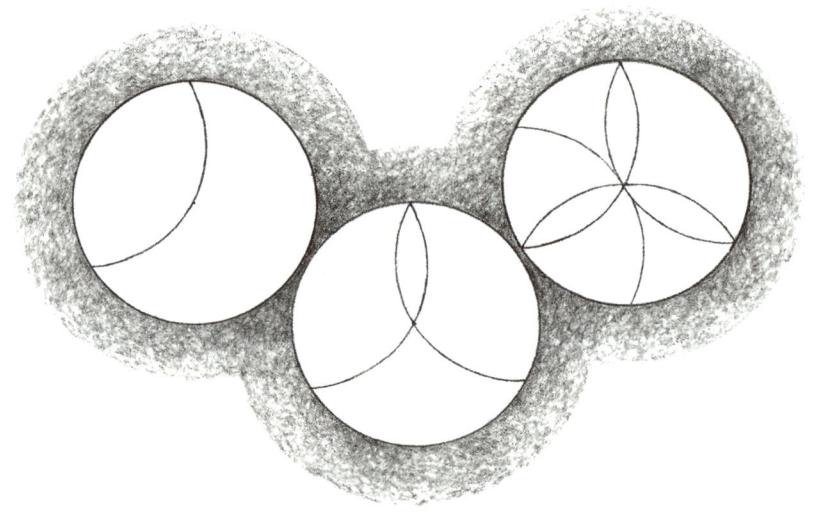

답은 원을 6부분으로 나누는 것이었습니다. 그것은 최초의 원 분할법이자 각도를 재는 가장 쉬운 방법이었습니다. 메소포타미아 인들뿐 아니라 이집트인들도 하늘을 측정하는 데 이 방법을 활용했지요. 이것이 어떻게 발견되었는지 상상해 봅시다.

어쩌면 나이가 많은 별 관측자가 어린 시절, 끈을 이용해 땅에 완벽한 원을 그리며 놀던 때를 떠올렸을지도 모릅니다. 그는 끈과 바늘로 땅에 원을 그렸습니다. 자, 이제 이것을 어떻게 분할해야 할까요? 아마 그는 마냥 끈을 가지고 놀거나, 꽃잎이 6개인 꽃이 핀 들판을 생각했거나, 아이들이 놀이 중에 하는 행동을 기억했을지도 모릅니다.

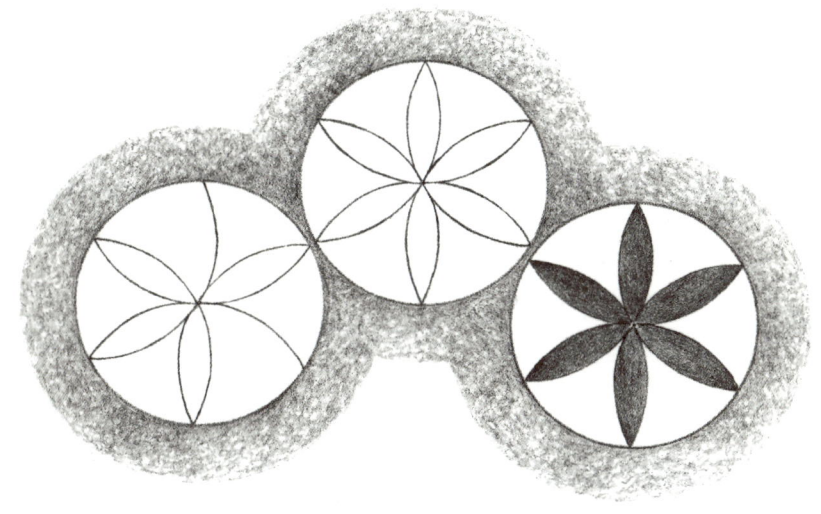

한 아이가 발을 끌며 땅에 원을 그리면, 다른 아이가 원 자국에 서서 끈을 잡고, 또 다른 아이가 빙빙 돌며 처음 원과 겹치는 두 번째 원을 그렸습니다. 별 관측자는 원을 그릴 때 쓴 끈과 길이가 똑같은 끈으로, 원둘레(원주─옮긴이)에 닿으며 이어지는 활 모양 곡선을 6개 그렸습니다. 원에 이 활 모양 곡선을 모두 그리자, 꽃잎이 6개 달린 꽃 모양이 탄생했지요. 그가 발견한 것은 이 활 모양 곡선이 원둘레를 똑같이 6개의 부분으로 나눈다는 사실이었습니다.

우연이었든 직감이었든, 그는 이렇게 원을 6개의 동등한 호로 나누는 비밀을 찾아냈습니다. 그 후에 다른 별 관측자들이 이 호를 반으로 나눈 다음, 다시 또 반으로 나누었습니다. 어렵지 않은 일이었습니다. 그러나 이런 식으로 얼마나 더 나누어야 했을까요? 고대 메소포타미아인들은 6진법과 10진법으로 수를 셌습니다. 고대 별 관측자들은 1년이 360일이라고 생각했습니다. 그렇다면 6개의 호로 나눈 이 원을 같은 식으로 계속 분할해서 점점 더 작게 쪼개는 것이 가장 합리적이지 않았을까요? 작게 쪼갠 호가 모두 360개가 될 때까지 말이에요. 이 작게 쪼갠 호 덕분에 별 관측자들은 새롭고 편리한 측정 단위를 갖게 되었습니다. 호의 중심각이 모두 같았기 때문이지요.

이 발견 덕분에 별의 이동 경로를 측정하기가 쉬워졌습니다. 고대 천문학자들은 반원 중앙에 움직이는 바늘을 붙였습니다. 이 도구를 이용해 행성들의 움직임을 따라가며, 반원을 이용한 각도로 행성의 이동 거리를 잴 수 있었지요.

이 도구로 방향도 쉽게 파악할 수 있었습니다. 이 천문학자는 태양이 한 해 동안 떠오른 지점들 중 가장 멀리 떨어진 두 지점의 중앙을 동쪽으로 잡고 땅에 방향을 표시했습니다. 이 이름 모를 별 관측자는 우리에게 '분할 원'이라는 기념물을 남겨 주었습니다. 이후 별 이동 경로 측정표는 신전에 보관되었답니다.

4000년 전, 이 고대 천문학자들은 바늘과 반원, 사분원, 육분

원으로 월식을 관찰하고 기록했습니다. 그러나 이런 관찰은 비체계적으로 가끔씩만 이루어졌지요. 하지만 그것은 서서히 관습이 되어 좀 더 자주 관찰이 이루어지다가, 기원전 747년에는 연속적인 관찰이 이루어졌고 그 기록은 신중하게 보관되었습니다.

시작은 점성술이었지만 인간이 천문학 관측 자료들을 꾸준히 수집하자 과학이 되었습니다. 이 기록은 300년 이상 지속되었는데, 이것은 오늘날까지 보관된 가장 길고 연속적인 표랍니다. 이 기록은 태양·달·행성의 주기적인 움직임에서 일정불변한 양식, 즉 앞으로 일식이 일어날 때와 앞으로 이 천체들이 있을 위치를 예측할 수 있게 해주는 양식을 보여 주었습니다.

메소포타미아 사람들은 분할 원으로, 우리에게 천문학뿐만 아니라 다른 위대한 기념물을 남겨 주었습니다. 그것은 바로 아치와 바퀴였습니다. 아마 이들은 바퀴를 사용한 최초의 민족이었을

것입니다. 그리고 예전에 쓰던 견고한 바퀴를 바퀴살이 달린 바퀴, 즉 분할한 원으로 교체하면서 전쟁에 쓸 가벼운 전차를 만들었을 것입니다.

또한 이들은 아치를 발명한 최초의 민족이었을 것입니다. 이들은 넓은 평원 그 어디에서도 돌을 구할 산이나 나무를 구할 숲을 찾을 수 없었습니다. 그래서 건축 재료로, 햇볕에 말라 단단해진 벽돌을 써야 했지요. 그리하여 벽돌을 문이나 출입구의 지지대로 쓸 방법을 찾아야 했습니다. 이번에도 원에 대한 지식이 해결책을 주었습니다. 메소포타미아인들은 벽돌을 반원 형태로 배열하고 가운데에 쐐기 모양 벽돌을 넣으면, 쐐기 모양 벽돌(쐐기돌)이 지탱하는 벽돌들에 대항력을 작용한다는 사실을 발견했습니다. 이런

아치 모양은 벽의 무게를 지탱할 만큼 튼튼했습니다. 이들은 여러 아치를 맞물려 반구형 지붕을 만들었습니다. 아치와 반구형 지붕은 메소포타미아와 이집트 지역 건축술의 특징입니다. 이런 원형, 즉 아치와 반구형 지붕은 무역로를 따라 바빌로니아에서 지중해 연안 곳곳으로 퍼졌습니다. 이것은 수백 년 후 로마 제국의 반구형 지붕 과 다리와 송수로의 기초가 됩니다.

이렇게 수천 년 전에 생긴 분할 원이라는 기념물은 아직까지도 우리의 일상생활을 이끌어 줍니다. 수백 년 동안, 넓은 바다를 오간 고대 범선이나 현대의 증기선과 같은 배들은 믿음직한 표지인 별들 을 꾸준히 활용했습니다. 별은 길 없는 사막을 건너는 유목민에게 도 늘 존재하며 그들을 이끌어 주는 길잡이가 되어 줍니다.

오늘날 하늘이나 바다의 조종사들은 별 항해술 대신 최신 무 선 장치를 이용하고 있습니다. 그러나 그들이 경로를 표시하는 기 구는 아직도 메소포타미아 별 관측자들의 분할 원을 반영하고 있 지요. 북쪽이 0도, 동쪽이 90도, 남쪽이 180도, 서쪽이 270도로, 360도까지 분할된 나침반은 조종사가 정확한 비행 계획을 각도로 표시할 수 있게 해줍니다.

우리가 땅의 거리를 측정할 때 쓰는 기구들은 고대의 업적을 떠올리게 합니다. 360도를 일정 간격으로 나누어 그은 지구의 위선 과 경선은 그 그래프의 모양으로 지구의 특정 지점을 파악하게 해 줍니다. 그리고 현대 측량사들은 측량 기계에 각도기를 달아 오랫 동안 전해 내려온 방식대로 거리와 방향과 높이를 잴 수 있습니다.

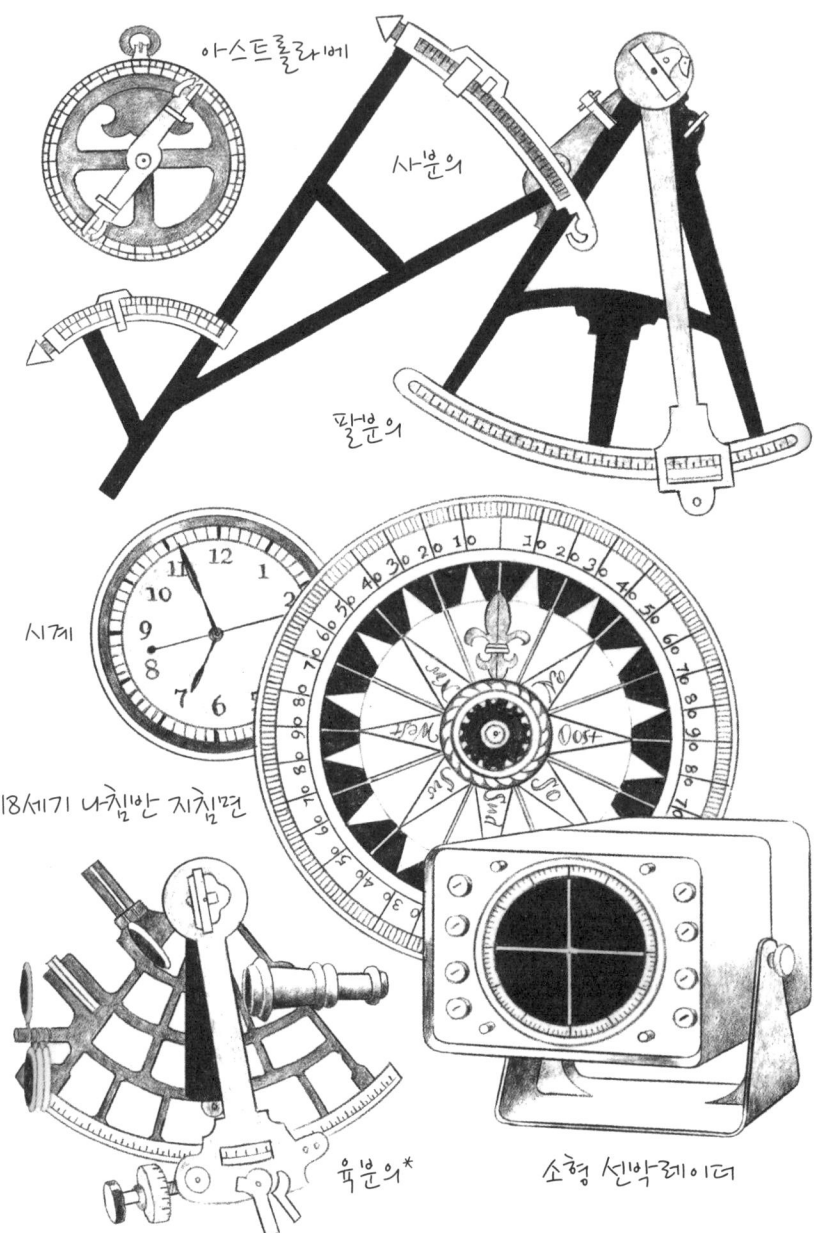

아스트롤라베

사분의

팔분의

시계

18세기 나침반 지침면

육분의*

소형 선박레이더

*천체의 고도, 각도를 측정하는 기계 – 옮긴이

우리가 쓰는 시계도 분할 원을 바탕으로 합니다. 1시간은 60분이고 (초침이 있다면) 1분은 60초인, 12시간으로 분할된 동그란 시계를 보세요. 이처럼 우리는 수천 년이 지난 지금도 바빌로니아 천문학자들의 위대한 업적을 활용하고 있습니다.

상상의 나래를 펼치면 오래전의 이름 모를 별 관측자들을 만날 수 있답니다. 이들은 최초로 원을 분할하고 땅과 하늘의 도표를 만들어 메소포타미아와 이집트 기하학의 위대한 업적인 지도 제작과 천문학을 가능하게 한 이들이지요.

이오니아의 그리스인들 :
기하학, 그리고
생각하는 사람들

세상 모든 것에 질문을 던지다

기원전 6세기가 시작되었을 때, 지중해 세상은 바뀌고 있었습니다. 문명의 중심이 그리스, 즉 당시 불린 이름에 따르면 헬라스로 이동하려 하고 있었죠. 기하학 역시 급격한 변화를 겪으려던 참이었습니다. 순수한 실용 기술에서 새로운 종류의 추상적인 사고로 말이지요.

나일 강, 그리고 티그리스 강과 유프라테스 강 유역의 고대 민족들은 실용 기하학으로 놀라운 일을 해냈습니다. 그것을 이용해 밭과 수로를 배치하고, 아름다운 건물과 피라미드를 짓고, 별의 이동 경로를 측정하고, 땅과 바다에서 방향을 찾아냈지요. 그러나 이제 이집트와 메소포타미아 문명의 절정기는 지나갔습니다. 마지막 화려한 불꽃을 즐기고는 있었지만 창의적인 시기는 끝이 났던 것입니다.

이집트인들은 무덥고 지대가 낮은 비옥한 계곡과 계곡을 천천히 흘러가는 강, 그리고 그 너머로 끝없이 펼쳐진 사막이 있는 곳에 문명을 일으켰습니다. 이집트 영토는 프삼티크 2세의 통치 하에서, 1000년 가까운 세월 동안 그랬던 것보다 더욱 번성했습니다. 그러나 프삼티크는 미술품과 고대 유물 수집가였고, 그의 이집트는 과거의 영광을 모은 박물관에 지나지 않았습니다.

메소포타미아 문명 역시 2개의 강 사이의 광활하고 따뜻한 평원에서 번창했습니다. 아시리아 왕 중에서 가장 유명한 아슈르바니팔의 통치 기간 동안, 니네베(아시리아 제국의 가장 큰 도시-옮긴이)는 세계에서 가장 크고, 장엄한 도시가 되었습니다. 그러나 이제 니네베는 완전히 파괴되었고, 바빌로니아의 왕 네부카드네자르는 그의 위대한 수도 바빌론을 아름답게 꾸몄습니다. 그는 평평한 바빌론 평원에 푸른 산과 비슷하게 꾸민 유명한 공중정원을 지었는데, 이는 메디아의 언덕을 그리워하는 아내를 기쁘게 해주기 위한 것이었습니다. 또 그는 신전에 보관된 별들의 기록을 편찬하도록 장려했습니다. 그러나 바빌로니아가 위력을 떨칠 날은 얼마 남지 않았습니다. 이 고대의 중심지들이 되살아난 영광을 누리고 있을 때, 더 먼 서쪽에서는 새롭고 신선한 뭔가가 싹트고 있었습니다.

서늘한 숲과 산에서부터 북쪽으로 줄줄이 이동한 헬라스인(그리스인-옮긴이)이 암석이 많은 그리스 반도에 여러 도시를 세웠던 것입니다. 힘센 남자들은 바위투성이 땅에서 식량을 얻기 위해 열심히 일해야 했습니다. 곧 헬라스인들은 엄밀한 의미의 그리스 땅에 가득 찼고, 그들은 지중해와 흑해에 있는 섬과 해안을 식민지로 삼았습니다. 이렇게 기원전 6세기는 팽창과 교역, 그리고 여행과 탐험의 시대이자 옛 문화와 새로 깨어난 문화가 혼합된 시대였습니다.

이 변화의 세기 동안 고대사의 스포트라이트는 서쪽으로 이동하기 시작했습니다. 이후 300년 동안, 문명의 중심축은 창의적인 시대를 맞이한 그리스가 될 것이었습니다. 그리스인들은 문화에 새로운 요소인 이성을 도입할 것이고, 이성에 대한 그들의 애정은 미술·건축·철학·문학·과학, 그리고 가장 먼저 수학을 바꾸게 될 것이었습니다.

우리는 고대 메소포타미아 문명과 이집트 문명이 원과 직각의 도움을 받아 '실용 기하학'에서 어떤 업적을 이루었는지, 그리고 그들이 그림자를 보고 어떻게 태양의 메시지를 읽었는지 살펴보았습니다. 이제는 이와 똑같은 요소를 바탕으로 '이론 기하학'이 그리스인들에 의해 어떻게 확립되었는지 살펴볼 것입니다. 이론 기하학의 기초는 그림자 관찰을 통해, 원과 직각, 직각삼각형과 이런 형태의 내적 특성과 상호 관련성을 토대로 굳게 세워졌습니다. 하지만 요소들은 같아도 접근법은 완전히 달랐습니다.

이 새로운 접근법은 그리스 식민지인, 소아시아 서부 해안에 위치한 이오니아 지방에서 시작되었습니다. 그곳에 있는 밀레투스라는 도시는 동방과 서방의 교차로였습니다. 서쪽에 위치한 밀레투스의 거대한 항구는 그리스와 페니키아의 상인들이 탄 상선을 환영했습니다. 그곳의 풍요로운 시장은 동방, 즉 육로로 찾아온 페르

이오니아의 기하학 : '현인' 탈레스와 수학사의 여명

시아·바빌로니아·이집트의 마차들이 교역하는 장소였습니다. 밀레투스의 뱃사람들과 상인들은 세계 곳곳으로 여행을 떠났고 신기한 이야기와 지식을 가지고 고향으로 돌아왔습니다. 그리고 수많은 사람들이 모이는 그 도시에서는 매일 다양한 종족과 전통이 뒤섞였습니다. 밀레투스와 근처에 있는 섬사람들이 상품뿐만 아니라 생각을 거래한 것은 자연스러운 일이었습니다.

이오니아 지방의 그리스인들은 예리하고 상상력이 풍부했습니다. 그들은 세상 모든 것에 질문을 던졌고 이전의 답을 모아 새로운 답을 만들어 냈습니다. 이오니아 사람의 활기찬 기질과 교차로라는 위치, 그들이 살았던 시대, 그리고 새로운 그리스 정신. 이 모든 것들이 결합해 활발한 지적 환경이 탄생했습니다. 기원전 6세기에는 놀라운 인물들이 활약했습니다. 그중에는 위대한 시인들과, 우화로

유명한 이솝이 있었습니다. 그러나 가장 매력적인 사람들은 장차 세계 최초의 과학자들이라고 불리게 될 사람들이었습니다.

이들에게는 다른 명칭이 있었습니다. 그것은 바로 이오니아의 '철학자'들이었습니다. 영어로 철학을 뜻하는 'philosophy'의 그리스어 어원은 '지식을 사랑한다'는 뜻이었고 그들에게 잘 어울리는 말이었습니다.

이 고대의 철학자들은 천문학·물리학·수학·지리학을 연구했습니다. 최초의 철학자라 불리는 탈레스는 자석과 측량법을 연구했고요. 그 후 등장한 아낙시만드로스는 자연사에 대한 최초의 논문을 썼고 최초의 세계 지도를 만들었습니다. 사모스 섬에서 태어난 피타고라스는 곱셈표를 발명했다고 생각됩니다. (사실이 아닐 수도 있지만 말입니다.) 그러나 이들은 발견에만 관심을 보이지는 않았습니다. 그들은 우주에 관해 날카로운 질문을 던졌습니다. '만물의 근본 물질은 무엇일까? 물이나 공기일까, 정신일까, 미지의 것일까?' 같은 질문 말입니다.

무엇보다 중요한 것은 그들이 새로운 종류의 생각을 하기 시작했다는 것입니다. 그것은 바로 신중한 논리에 근거를 둔 '합리적' 사고였지요. 이집트인과 바빌로니아인은 일을 하는 새로운 방법을 발견했다면, 그리스인은 그것에 관해 '생각'하는 새로운 방법을 발견한 것이지요. 그들은 자연을 관찰하고, 관찰한 내용을 적절하게 조합해 추상적인 규칙을 발견하려 했습니다.

그렇게 한 최초의 사람은 탈레스입니다. 조금 전에 그가 최초의 철학자였다고 말했었지요. 그는 다른 이유로 우리 책에서 매우 중요한 인물입니다. 전하는 말에 따르면, 탈레스는 기하학의 창시자였기 때문이지요.

탈레스
이야기

기하학의 아버지라 불리는 탈레스는 그리스의 벤저민 프랭클린
(미국의 과학자·발명가·외교관·저술가로서 다재다능한 인물—옮긴이)
이었습니다. 그의 삶에 대해 알려진 사실은 그리 많지 않지만 그는
상인이었다고 합니다. 탈레스는 오래된 문명의 중심지들로 여행을
다니며 많은 것을 배웠습니다. "자석은 철을 움직이게 하므로 영혼
이 있다"라고 한 탈레스의 말은 그가 천연 자석인 자철석을 연구했
음을 알려 주고요. 호박이라는 광물을 털가죽으로 문지르다가 최
초로 정전기 현상을 발견한 인물이라고도 알려져 있습니다.

　　탈레스는 이솝이 쓴 이솝 우화에도 영감을 주었습니다. 후대
의 작가들은 그의 업적에 관해 많은 이야기를 썼습니다. 이 이야기

들 중에는 진지한 것도 있고 상상 속에나 나오는 것 같은 비현실적인 이야기도 있습니다. 이런 이야기들이 사실이든 아니든, 우리는 여기에서 탈레스의 사고방식에 대해 많은 것을 배울 수 있습니다. 탈레스는 끊임없이 "왜?"라고 질문했고, 자신이 직접 본 것에서부터 질문에 대한 답을 찾았습니다. 그리고 언제라도 그것을 기꺼이 증명할 준비가 되어 있었지요. 탈레스가 사업을 하며 겪은 이야기들도 이 점을 잘 보여 줍니다. 그중에서도 특히 탈레스와 올리브유를 짜는 기계에 관한 이야기는 무척 재미있습니다.

어느 날 오후, 탈레스와 친구들은 돈에 관해 토론을 하고 있었습니다. (동전이 막 발명된 때였지요.) 그때 탈레스가 말했습니다. "누구든 머리만 쓰면 돈을 벌 수 있다네." 그 말을 들은 친구들은 대답했습니다. "그럼 어디 증명해 봐."

난처한 상황에 처한 탈레스는 '모든 사람에게 유용한 물품이 무엇일까?'에 대해 생각하고 또 생각했습니다. 그리고 결국 "그것은 기름이다"라는 답을 내렸지요.

기원전 600년에 기름은 석유가 아닌 올리브유였습니다. 올리브유는 비누를 만드는 데 쓰였고요. 등불의 연료가 되어 주기도 했습니다. 또 요리할 때도 쓰이고 피부를 부드럽게 할 때도 사용되었지요.

탈레스는 올리브 나무에서부터 올리브유 짜는 기계에 이르기까지 기름에 관해 연구하기로 마음먹었습니다. 연구를 할 때 첫 번째 걸림돌은 몇몇 계절에는 올리브 농사가 잘 되지 않는다는 사실이었습니다. 어떤 이유 때문이었을까요? 탈레스는 날씨 조건에 관

해 생각해 보았습니다. 그는 올리브가 여물기 좋은 날씨와 그렇지 않은 날씨를 알아보기 위해 과거 여러 계절의 날씨에 대해 조사를 했지요. 그 후 탈레스는 앞으로 어떤 일이 일어날지를 예상하기 위해 날씨 조건의 유형을 발견하고자 노력했습니다. 과거의 유형을 부지런히 정리한 그는 올리브 농사에 좋은 날씨 조건이 다음 해라고 계산했습니다. 그 다음엔 올리브 농사가 실패하여 낙담한 올리브 재배자들을 찾아다니며 그들이 가지고 있는 올리브유 짜는 기계를 모두 사들였습니다. 올리브 재배자들은 몇 년 동안 올리브 농사가 실패하자 올리브유 짜는 기계가 필요 없다고 생각했고, 기쁜 마음으로 기계를 팔았습니다. 그동안은 기계가 없으면 이웃 사람들에게 언제든 빌릴 수 있었기 때문에 굳이 가지고 있을 필요가 없었기 때문입니다.

다음 해에는 탈레스의 예측대로 올리브 농사가 풍년이 들었습니다. 하지만 올리브 재배자들은 올리브유 짜는 기계를 빌릴 수도, 살 수도 없었습니다. 탈레스가 모두 사버렸기 때문이지요. 이처럼 탈레스는 기름 시장을 궁지로 몰아넣어 큰돈을 벌었다고 합니다. 하지만 그가 기름 사업에 진출할 여유가 없어서 나중에 사람들에게 올리브유 짜는 기계를 돌려주었다는 이야기도 있습니다. 어쨌든 이 이야기는 그가 어떤 방식으로 생각을 전개했는지를 잘 보여 줍니다. 그는 훌륭한 관찰자였습니다. 반복해서 일어나는 사건의 유형을 연구한 다음 자연의 진로를 예측하곤 했지요.

탈레스에 관한 또 다른 유명한 이야기는 이솝 우화에 실려 있습니다. 여기에서도 탈레스의 정신적 특성을 명확히 볼 수 있지요. 이 이야기는 탈레스가 당나귀보다 한 수 위라는 것을 보여 줍니다.

탈레스는 소금 광산을 물려받았습니다. 소금은 당나귀로 운반했지요. 당나귀들은 소금 자루를 매달고 광산에서 시장까지 가야 했습니다. 당나귀들은 뜨거운 햇볕을 받으며 오랜 여행을 했지요. 그런데 길을 가던 중에 개울이 나왔습니다. 그때 덥고 지친 작은 당나귀 한 마리가 물속으로 넘어지고 말았습니다. 이후 개울에서 넘어진 당나귀는 생기를 되찾았을 뿐만 아니라 자신의 등을 짓누르던 무거운 짐이 사라졌다는 사실도 깨달았습니다. 그리고 그 다음부터 개울을 건널 때마다 넘어지는 연기를 되풀이했지요.

주인인 탈레스는 오랜 여행에도 불구하고 생기를 잃지 않은 당나귀의 모습을 보고 놀랐고, 자루 속 소금이 줄어든 것을 알고 실망했습니다. 또 그것이 어떻게 없어졌는지 이유를 알 수 없어서 무척 곤혹스러워했지요. 당나귀는 잠시 탈레스 머리 위에 있었지만, 결국 탈레스는 간단한 연역적 추리를 이용해 반격했습니다.

탈레스는 마음속으로 질문을 던졌습니다. '무엇이 당나귀의 생기를 되찾게 하고 소금을 녹였을까?…시원한 물이 아닐까?…오는 길에 개울이 있나?…그래…그렇다면 물을 흡수해서 당나귀를 피곤하게 할 수 있는 것은 무엇일까?…그건 바로 솜이다!' 그리하여 탈레스는 다음 여행 때 자루에 소금 대신 솜을 가득 채웠습니다. 그리고 그 이후 작은 당나귀의 행복한 습관은 끝이 나고 말았습니다.

이처럼 탈레스는 상인으로서, 이미 새로운 유형의 사고를 활용하고 있었습니다. 그런데 이때 다른 2가지 관심이 그가 기하학을 확립하도록 이끌었습니다. 그것은 바로 메소포타미아와 이집트 여행, 그리고 그림자에 관한 연구였습니다.

그가 어떻게 이 2가지에 관심을 가지게 되었는지를 보여 주는 이야기가 있습니다. 어느 날 밤, 탈레스가 아름답게 빛나는 별을 바라보며 뜰을 거닐고 있었습니다. 그런데 갑자기 첨벙하는 소리와 함께 밤의 정적이 깨지고 말았습니다. 탈레스가 발을 헛디뎌 우물 속에 빠지고 만 것이지요. 그를 꺼내 준 하인은 킬킬거리며 이렇게 말했습니다. "밤하늘의 신비를 캐내기 위해 노력하시느라 발밑에 있는 흔한 물체는 못 보시는군요."

몸이 축축한 상태로 비웃음 당하는 것을 좋아할 사람은 없을 것입니다. 탈레스는 그 후 며칠 동안 발밑에 있는 뜨겁고 마른 땅을 바라보기로 마음먹었습니다. 그리고 그는 땅에 나타나는 그림자 유형을 연구하기 시작했습니다. 태양의 메시지를 생생하게 보여 주는 그림자 말이지요. 그리고 그는 메소포타미아와 이집트 지역의 고대 국가들을 여행하며 땅뿐만 아니라 더 많은 것을 보게 되었습니다. (탈레스에 관해 아는 내용들을 토대로 우리는 그가 부업으로 해운업과 외국 무역에 종사하기로 했을 것이라고 추측할 수 있습니다.)

탈레스가 여행을 하면서 가장 먼저 들른 곳은 바빌론입니다. 바빌론은 오랜 역사를 지니고 있고, 점토판이 보관된 거대한 서고가 있는 매력적인 도시였습니다. 탈레스는 바빌론에서 별 관측자들이 남긴 인상적인 기록에 마음을 빼앗겼습니다. 그는 그곳에 잠시 머물면서 도표를 연구하고, 하늘을 측정하는 방법을 공부하고, 원의 사용법과 분할 원을 이용해 각도와 방향을 알아내는 법을 배웠습니다.

그 후 탈레스는 이집트로 건너갔습니다. 그리고 그곳에서 토목건축을 완전히 익혔습니다. 또 관개수로와 밭 배치 법, 이집트의 과거를 보여 주는 벽화 장식, 이집트 장식품의 무늬를 연구했습니다.

그는 메소포타미아와 이집트의 오래된 실용 기하학을 모두 흡

수했습니다. 이는 전형적인 그리스인의 모습이었지요. 당시 그리스인들은 더 오랜 역사를 가진 문명에서 많은 것을 배우고 있었습니다.

탈레스는 이 여행에서 그리스인의 또 다른 특징이자 그리스인들이 건설하고 있었던 미래 문명의 특징을 활용했습니다. 새로운 탐구심을 발휘한 것이지요.

탈레스는 어디를 가든지 지구라트, 오벨리스크(고대 이집트에서 태양신을 숭배하는 뜻으로 세운 기념비－옮긴이), 건물, 그림자를 연구했습니다. 그는 엑스레이 같은 눈을 가지고 있었습니다. 뻔한 것들을 꿰뚫어 보고 새로운 의미를 찾아내는 습관을 발달시켰기 때문이지요. 즉 그는 눈에 보이는 외적인 것을 파고들어, 그 이상을 보며 추상적인 형태와 관계를 발견해 냈지요.

정말 비범한 여행자이자, 그리스의 벤저민 프랭클린답지요? 앞에서 살펴본 탈레스에 관한 이야기들이 사실이라면, 그는 그리스인다운 참신한 통찰력을 발휘한 셈입니다. 바빌로니아인들과 이집트인들의 오래된 실용 지식을 흡수할 때조차 말이지요. 이 결합에서 새로운 이론 기하학이 탄생할 것이기 때문입니다.

이 피라미드의 높이는
얼마입니까?

탈레스는 이집트에서 길잡이들에게 대피라미드의 높이를 정확하게 이야기함으로써 그들에게 놀라움과 두려움을 안겨 주었습니다. 이 이야기는 조금 자세히 살펴볼 가치가 있습니다. 여기에서 탈레스의 새로운 기하학이 작동하고 있음을 알 수 있고, 이 새로운 기하학을 고대 이집트 기하학과 비교할 수 있게 해주기 때문입니다.

탈레스의 이집트 방문은 기자라는 사막 지역에서 3기의 피라미드와 모래에 반쯤 묻힌 스핑크스를 보고서야 완성되었습니다. 기원전 600년, 이미 피라미드는 만들어진 지 약 2000년 정도 되었습니다. 길잡이를 고용한 탈레스는 그리스인 친구와 함께 기자 지역의 피라미드를 보러 갔습니다. 그 웅장한 기념비에 이르자, 길잡이들은 의기양양한 모습으로 이집트의 피라미드는 그리스인의 조상들이 '머리 긴 야만인'이었을 때 세워지고 있었다고 자랑했습니다.

탈레스는 잠시 동안 무덤 중에서 가장 거대한 무덤을 감탄하며 바라보았습니다. 그것은 바로 '쿠푸 왕의 대피라미드'였습니다. 이 피라미드는 5만 제곱미터가 넘는 땅을 차지하고 있었지요. 탈레스는 구름 없는 이집트의 하늘을 배경으로 우뚝 솟은 거대한 피라미드를 쳐다보다가, 햇빛이 피라미드의 한쪽 면에 똑바로 떨어지며 사막의 모래 위에 뾰족한 그림자를 드리운다는 사실을 눈치챘습니다. 그런 다음 그는 너무나도 유명한 질문을 던졌습니다.

"이 피라미드의 높이는 얼마입니까?"

놀라서 말문이 막힌 길잡이들은 자기들끼리 한참 동안 상의했습니다. 그동안 어떤 관광객도 이런 질문을 던진 적이 없었기 때문이죠. 지금까지 찾아온 관광객들은 피라미드의 정사각형 밑변 길이를 아는 것에 만족했습니다. 밑변의 각 변은 252보폭이었습니다. 가끔 이것을 믿지 않고 직접 걸음을 옮겨 재어 본 그리스인 관광객들이 있기는 했습니다. 하지만 탈레스는 그 이상, 즉 높이를 알고 싶어 했습니다. 그러나 그 누구도 대피라미드의 높이를 알지 못했습니다. 아마 오랜 옛날의 건축가들은 그 높이를 알았을 테지만 현재의 왕조 사람들은 피라미드 높이에 관해 아는 사람이 없었습니다. 그리고 높이를 재는 것은 불가능한 일이었지요. 만약 꼭대기까지 밧줄을 끌어올리면 (하지만 누가 그런 위험한 일을 할 수 있을까요?) 경사면의 길이만 나올 테지요. 길잡이들은 높이를 알아낼 방법을 생각해

낼 수 없었습니다. 피라미드의 꼭대기에서부터 바닥에 이르는 구멍을 뚫지 않는다면 말이지요. 그러나 그것은 불가능한 일이었습니다.

논쟁이 계속되는 동안, 탈레스와 친구는 피라미드 그림자 아래에서 조용히 주변을 거닐고 있었습니다. 그러다 문득 탄성을 질렀습니다. "제가 답을 압니다. 기자의 대피라미드 높이는 160보폭입니다." 그 말을 듣고 놀란 길잡이들은 탈레스가 마법사인 것이 분명하다고 믿으며 그의 앞으로 얼굴을 들이밀었습니다.

물론 탈레스는 마법을 이용해서 피라미드의 높이를 알아낸 것은 아니었습니다. 그저 모래에 드리워진 두 그림자를 계산한 다음 새로운 기하학의 '추상적 규칙'을 활용한 것이었지요.

탈레스의 계산법과 피라미드 건축자들이 사용했던 옛 기하학이 어떻게 다른지를 보여 주기 위해, 시간을 되짚어 이전의 장면을 상상해 보도록 하겠습니다.

관광객이자 연구가이자 상인으로서 겨울을 보내기 위해 이집트에 도착한 탈레스는 할 일이 무척 많았을 것입니다. 그는 거대한 조각상과 피라미드 같은 유명한 유적들을 보고 싶어 했습니다. 하지만 그는 가장 먼저 사제들이 위대한 학문을 닦고 있는 토트 신전으로 갔습니다. 그곳 사람들은 탈레스를 반갑게 맞아주었고, 그는 시원한 신전에서 고대 이집트인들이 사용한 방법들을 연구하며 오랜 시간을 보냈습니다. 연구가 끝난 후, 그는 관광을 하기로 했습니다.

햇빛이 내리쬐는 무더운 오후, 탈레스는 신전 밖에 앉아 토트 신전에서 가장 중요한 인물인 대사제 토트메스에게 작별 인사를 하려고 기다리고 있었습니다. 얼마 후면 수행원이 그를 데려올 터였습니다. 토트메스를 기다리던 탈레스는 경치를 유심히 바라보며 이집트 기하학의 업적에 대해 생각했습니다. 신전 앞에 높이 솟은 금빛 오벨리스크가 오후의 햇빛 속에서 멋진 그림자 기둥, 즉 해시계를 연출하고 있었습니다. 곳곳에 서 있는 흰 옷을 입은 사제들과 참배자들의 그림자 역시 무척 뚜렷했습니다. 한쪽에는 거대한 신전이 있었고, 각 면이 나침반의 네 방위를 바라보도록 완벽하게 배치되어 있었습니다. 그리고 신전의 돌기둥 사이로, 이집트 비례의 걸작인 거대한 벽화가 언뜻 보였습니다.

비례. 탈레스는 그것이 고대의 모든 작품을 꿰는 금실임을 알고 있었습니다. 비례는 칼데아 천문학자들이 육분원의 각도를 잴 때나 멀리 떨어진 별들의 이동 경로에 상응하는 호를 그릴 때 사용되었습니다. 또 이집트 건축가들이 건물을 설계하고 실제 구조물을 세울 때 사용되었지요. 그러나 이집트인들이 신전과 무덤을 장식한 광대한 벽화야말로 비례를 가장 잘 드러냈습니다. 그 생생한 장면들은 모두 화가들이 타고난 비례 감각을 활용해 그린 것이었습니다.

탈레스는 화가들이 작업하는 장면을 본 적이 있었습니다. 이집트 화가는 무척 단순한 방법으로 작은 밑그림을 거대한 벽에 옮겨 그렸습니다. 화가는 우선 오늘날의 모눈종이에 있는 것 같은 작은 정사각형을 밑그림에 가득 그렸습니다. 그 후 벽에도 정사각형을 가득 그렸는데, 벽에 그린 정사각형은 크기가 더 컸습니다. 그리고 그는 밑그림에 있는 선들이 작은 사각형의 어느 지점을 지나는지

꼼꼼히 살핀 다음 그 선들을 큰 정사각형의 상응하는 위치에 그대로 그렸습니다. 그것은 직관적인 비례였고, 이집트인들이 자신들의 실력을 가장 멋지게 발휘한 최고의 실용 기술이었습니다.

하지만 신전 밖에서 길어지는 그림자를 지켜보던 탈레스는 직관적인 비례와는 완전히 다른 것을 보았습니다. 그것은 추상적인 비례였지요. 다른 사람들이 그림자만 보고 있을 때, 그는 '추상적인 직각삼각형'도 함께 보았던 것입니다. 이런 직각삼각형이 만들어지는 방식은 모두 같았습니다.

먼저 뾰족한 오벨리스크나 흰 옷을 입은 이집트 사람들 같은, 똑바로 선 물체가 있었고 햇빛이 그 물체의 꼭대기를 비스듬히 스쳤습니다. 그리고 땅에 납작한 그림자가 드리워졌지요. 하지만 탈레스는 그것보다 훨씬 더한 것을 보았습니다. 그는 길어지는 그림자

의 '움직임'을 보았던 것입니다. 물론 다른 사람들도 그 광경을 보았겠지만, 탈레스는 엑스레이 같은 눈으로 그 장면을 지켜보았습니다. 그는 그림자의 움직임을 지켜보는 동안 그야말로 범상치 않은 것을 알아차렸지요. 그것은 바로 '모든 그림자가 함께 변한다'는 사실이었습니다. 길이든 방향이든 말이지요. 그림자들은 처음에는 모두 그림자를 드리운 물체의 절반 길이였습니다. 그러다 나중에는 모두 물체와 똑같은 길이가 되었지요. 그리고 더 나중에는 모든 그림자가 물체의 높이보다 2배 더 길어졌습니다. 아마 많은 사람들이 수백 년이 넘도록 이런 모습을 보았을 겁니다. 그러나 탈레스는 그러한 모습 속에서 일정하게 되풀이되는 방식을 찾으려 했습니다. 언제나 그랬듯이 현상을 증명하고 이유를 알아내야만 했지요. 그리고 정말 그렇게 했답니다.

탈레스는 그림자의 변화를 지켜보면서 삼각형 전체가 아니라 '추상적인 직각삼각형이 변한다'는 사실을 알아차렸습니다. 직각과 그 삼각형의 수직선인 물체의 높이는 변하지 않았습니다. 그러나 삼각형의 나머지 부분은 해의 위치에 따라 변했습니다. 태양은 굉장히 먼 곳에 있어서 모든 물체의 꼭대기에 똑같은 기울기로 빛을 비추었습니다. 그래서 태양이 높이 떠오르거나 저물 때 모든 삼각형에서, 직각을 제외한 다른 두 각이 바뀌었습니다. 그리고 두 각이 바뀌면 당연히 삼각형의 다른 두 변, 즉 '그림자의 길이(삼각형의 밑변)'와 물체 꼭대기에서 그림자 맨 끝까지의 '햇빛의 길이(빗변)'도 바뀌었습니다. 그래서 햇빛이 만든 모든 직각삼각형들은 정확히 '똑같은 모양'이었습니다. 크기는 같지 않았지만 모양이 같았습니다(수학에서의 '닮음'−옮긴이). 직각과 물체의 높이는 바뀌지 않았지만, 태양이 위치를 바꿀 때마다 다른 두 변과 두 각은 변했습니다.

이 사실을 통해 탈레스는 눈이 거짓말 하지 않았다는 것을 알게 되었습니다. 그림자의 길이는 똑같은 방식으로 늘 함께 바뀌되, 물체의 높이는 바뀌지 않고 그대로라는 사실 말입니다. 이제 탈레스에게는 피라미드의 높이를 측정할 비법이 생겼습니다.

탈레스가 피라미드의 높이를 어떻게 측정했는지 알아보기 전에, 여러분이 직접 그의 비법을 시험해 보는 것이 좋을 것입니다. 운동장에서 깃대와 농구대와 여러분의 키가 만드는 직각삼각형을 비교해 보면, 이런 그림자의 변화를 지켜볼 수 있습니다.

자, 여러분의 키와 그림자의 길이가 같아지는 오후 중반 즈음에 실험을 시작해 보세요. 이때 깃대의 그림자 길이 역시 깃대의 높이와 똑같을 것입니다. 또 농구대 그림자 길이 역시 농구대의 높이와 똑같을 것입니다. 그러니 여러분은 줄자를 들고 깃대나 농구대에 올라가는 수고를 하지 않고도, 깃대와 농구대 그림자 길이를 발걸음으로 재서 그 높이를 알아낼 수 있습니다.

오후 중반보다 좀 더 이른 시각, 즉 여러분의 그림자 길이가 키의 절반쯤 될 때 실험을 해도 됩니다. 이때는 깃대나 농구대 그림자 길이를 발걸음으로 재서 2배로 계산하면 사물들의 높이를 알 수 있습니다.

여러분의 그림자가 키보다 2배 더 길어지는 저녁 무렵에 실험을 해도 됩니다. 분명 이때도 깃대나 농구대 그림자가 물체의 높이 보다 2배 더 길어질 것입니다. 이 두 그림자의 길이를 발걸음으로 재서 반으로 나누면 깃대나 농구대의 높이가 나올 것입니다.

그런데 그림자는 이렇게 늘 물체의 높이와 똑같거나 절반이거나 2배가 되는 등의 확실한 길이를 보이지는 않을 것입니다. 따라서 그림자의 길이에 상관없이 쓸 수 있는 간단한 공식이 필요합니다.

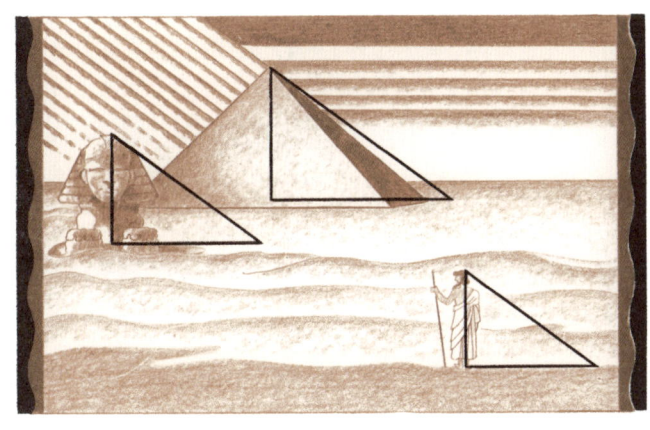

오후 중반에 햇빛이 드리운 그림자

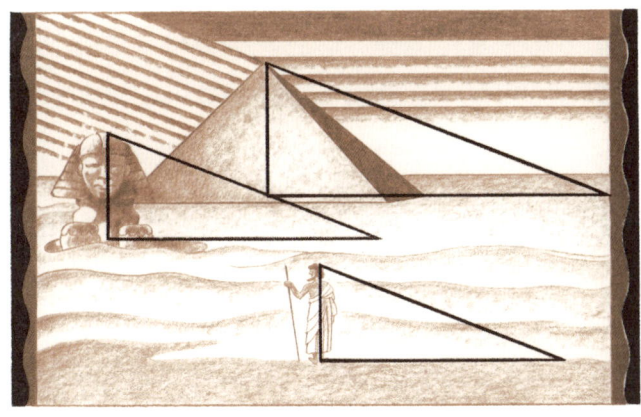

늦은 오후에 햇빛이 드리운 그림자

공식은 쉽게 구할 수 있습니다. 여러분도 이미 아는 그 비법은 '비례'입니다. 한 물체의 높이와 그 그림자, 그리고 여러분의 키와 여러분의 그림자 사이에 '등비'를 적용해 보세요.

물체의 높이 Ho $^{Height\ of\ object}$와 물체의 그림자 So $^{Shadow\ of\ object}$의 관계는 여러분의 키 Hy $^{Your\ Height}$와 여러분의 그림자 Sy $^{Your\ Shadow}$의 관계와 같습니다. 이것을 Ho : So = Hy : Sy라고 쓸 수 있고, 분수로는 $\frac{Ho}{So} = \frac{Hy}{Sy}$ 라고 쓸 수 있습니다. 그 다음 양변에 So를 곱해서 분수를 정리하면, $So \times \frac{Ho}{So} = So \times \frac{Hy}{Sy}$ 가 됩니다. $\frac{So}{So} = 1$이므로, Ho = So $\times \frac{Hy}{Sy}$ 가 되지요.

즉, 물체의 높이 = 물체의 그림자 $\times \dfrac{여러분의\ 키}{여러분의\ 그림자}$ 인 것입니다.

이제 여러분은 물체의 높이 구하는 비법을 알게 되었으니, 탈레스가 피라미드의 높이를 어떻게 측정했는지 보고 싶겠지요.

탈레스가 피라미드의 높이를 물었을 때, 길잡이들이 옥신각신 말다툼을 벌인 것이 기억날 것입니다. 피라미드 각 밑변의 길이가 252보폭이라는 것을 알았던 탈레스는 그들이 말다툼을 벌이는 동안 피라미드 그림자 길이를 서둘러 쟀습니다. 피라미드 그림자 길이는 114보폭이었습니다. 또 탈레스는 자신의 키가 2보폭(약 180미터)이라는 것을 알고 있었습니다. 탈레스의 친구는 탈레스 대신 그의 그림자 길이를 쟀습니다. 탈레스의 그림자 길이는 3보폭이었습니다. 이제 탈레스는 피라미드의 높이를 구하기 위해 필요한 치수를 모두 갖게 되었습니다. 이 세 항목이, 나머지 항목인 피라미드의 높이를 알려 줄 것입니다. 그는 이 치수들을 가지고 아래 그림에서 보이는 것처럼 계산을 했지요.

　　탈레스가 어떻게 계산을 했는지 보이나요? 그는 '추상적인 직각삼각형'을 이용했습니다. 탈레스는 대피라미드의 높이를 피라미드의 꼭대기에서부터 밑바닥까지 곧게 뻗은 '가상의 기둥'이라고 상상했습니다. 그런 가상의 기둥은 '가상의 그림자'를 드리울 터였습니다. 아마 가상의 기둥이 있는 피라미드의 중앙에서부터 피라미드의 실제 그림자 끝부분까지 쭉 드리우겠지요. 그래서 이 '가상의 그림자' 길이는 피라미드 밑변의 절반 길이에 실제로 생긴 그림

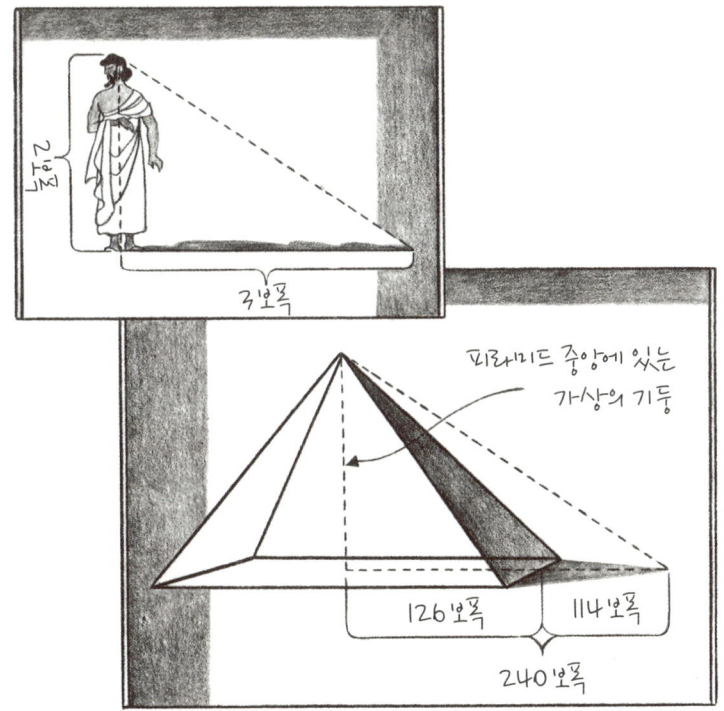

피라미드 중앙에 있는
가상의 기둥

2보폭

3보폭

126보폭　114보폭

240보폭

자의 길이를 더하면 나왔습니다. 이것을 식으로 정리하면 다음과
같습니다.

피라미드의 높이(가상의 기둥) = 가상의 기둥 그림자 × $\dfrac{\text{탈레스의 키}}{\text{탈레스의 그림자 길이}}$

피라미드의 높이 = (피라미드 토대의 절반 + 그림자 길이) × $\dfrac{\text{탈레스의 키}}{\text{탈레스의 그림자 길이}}$

피라미드의 높이 = (126보폭 + 114보폭) × $\dfrac{\text{2보폭}}{\text{3보폭}}$

피라미드의 높이 = $240 × \dfrac{2}{3}$ = 160보폭

    길잡이들은 불가능해 보이는 이 문제를 마법처럼 푼 탈레스 이야기를 재빨리 퍼뜨렸습니다. 토트 신전의 사제들은 고대 기록을 통해 대피라미드의 높이가 실제로 160보폭이라고 확인을 해주었고, 이 사실을 들은 사람들은 깜짝 놀랐습니다. 그 후 이 이야기는 널리 퍼져서 2500년이 지난 지금의 우리에게까지 전해졌습니다. 그리고 이 이야기의 의미는 오늘날에 훨씬 커졌지요. 대피라미드는 고대 실용 기하학의 기념물이기 때문입니다. 그러나 탈레스가 그림자를 이용해 대피라미드의 높이를 계산해 낸 방식은 추론의 발달이라는 측면에서 보았을 때 훨씬 중요한 기념물이었답니다.

10

기하학의 법칙을
세운 탈레스

탈레스는 이 새로운 사고방식을 통해 '기하학 법칙'을 가장 먼저 이끌어 내고 공식화했습니다. 또 이러한 사고방식은 인간의 정신도 자유롭게 해주었습니다. 그리스인들이 이것을 얼마나 절실히 깨달았는지는 탈레스와 관련된 가장 유명한 일화를 통해 알 수 있습니다.

　기원전 585년, 메디아인들과 리디아인들은 6년째 끈질긴 전쟁을 치르고 있었습니다. 그러던 어느 날, 갑자기 태양이 사라지고 온 세상이 짙은 어둠에 휩싸였습니다. 한참 전쟁을 하던 메디아인들과 리디아인들은 무시무시한 어둠에 소스라치게 놀라 즉시 전쟁을 멈추고 평화 조약을 맺었다고 합니다. 그들은 자신들이 전쟁을 하는 바람에 태양신 아폴로가 기분이 상해 얼굴을 감췄다고 생각했거

든요. 역사는 이 현상이 일식이었다고 말해 줍니다. 전해오는 이야기에 따르면, 탈레스는 바빌론에서 연구했던 기록의 패턴을 바탕으로 일식을 정확히 예측했다고 합니다.

　학자들은 그동안 탈레스가 일식을 예측했다는 사실을 의심해 왔지만, 최근의 연구는 그가 아시리아의 궁정 천문학자들에게 알려진 고대의 불완전한 예측 방법을 이용했음을 암시합니다. 어느 쪽이 맞든 이야기의 요점은 같습니다. 그리스인들은 탈레스가 일식을 예측했다고, 달리 말하면 일식을 예측할 수 있다고 믿었습니다. 탈레스의 추론 방식은 그리스인들에게 자연의 질서정연한 방식을 찾도록 가르쳤던 것입니다. 태양신 아폴로가 기분이 상해서 일식이 일어났다는 어리석은 상상 대신 말이지요.

탈레스의 명성은 무척 대단해서 그는 전설적인 '그리스의 일곱 현인' 중 첫 번째 자리를 차지했습니다. '너 자신을 알라'는 탈레스가 가장 먼저 한 말이라고 생각됩니다. 하지만 '네 스스로 생각하라'라는 말이 좀 더 탈레스답게 들립니다.

탈레스는 사람들이 그의 새로운 추상적 규칙을 활용하도록 가르쳤습니다. 탈레스 이전에 기하학은 일시적인 관찰로 구성되었습니다. 시행착오를 겪으며 포착한 그 방법들은 물질적인 것을 다루고 계산하기 위한 것이었지요. 탈레스는 물질적인 것에서 기하학적인 개념을 포착해 그것을 논리적으로 나열하고, 그 후 그 개념을 철저히 증명해야 한다는 사실을 알려 주었습니다.

탈레스가 어떻게 그렇게 했는지 이해하기 쉽도록, 그가 제자들을 가르치는 장면을 보여 주려고 합니다. 하지만 그가 실제로 이렇게 했다는 증거는 없습니다.

탈레스는 해외에서 돌아올 때, 친구들을 위해 흥미로운 골동품들을 가져왔을 것입니다. 어쩌면 그것은 메소포타미아의 도장과 부적, 이집트의 보석과 유리였을 수도 있습니다. 그러나 탈레스가 고국에 가져온 가장 가치 있는 선물은 그의 머릿속에 있는 새로운 생각들과 주머니에 있는 끈, 그리고 그림자에 관한 기억이었습니다.

탈레스에게 여행 이야기를 듣기 위해 그를 둘러싼 친구들이, 그가 끈을 꺼내 땅에 원을 그리기 시작했을 때 얼마나 즐거웠을지 상상해 보세요. 친구들은 탈레스가 바빌로니아인들이 원을 어떻게 분할했는지를 보여 주자 그 장면에 매혹되고 말았습니다. 또 탈레

스는 이집트인들이 어떻게 직각을 만들고, 어떻게 직사각형 밭의
모서리를 직각으로 다듬었는지 보여 주기 위해 끈을 묶었을 것입니
다. 그리고 그는 햇빛과 물체와 그림자가 만드는 추상적인 직각삼각
형에 관한 새로운 생각을 밝혔을 것입니다. 때때로 이런 작은 모임
이 열렸습니다. 이 모임에서 탈레스는 자기가 아는 것들을 가르치고
설명했고, 친구들은 점차 토론에 참여하게 되었습니다.

　　그들은 모래가 깔려 있고 높이가 다양한 깃대들이 다양한 길

이의 그림자를 드리우는 야외에서 만났습니다. 탈레스는 모래 위에 끈과 직선 자를 이용해 원과 삼각형과 직선을 그리고, 이러한 형태를 연구했던 나라의 이야기를 들려주었습니다. 그리고 또 이런 형태에 관한 새로운 생각을 설명해 주었지요. 이들은 도형에 관해 공부하고, 그림자를 지켜보고, 끈으로 원을 그리고, 질문을 던지고, 토론을 벌였습니다. 이것은 끈과 직선 자와 그림자를 가지고 하는 흥미진진한 새로운 게임 같았습니다.

모든 게임에는 법칙이 있습니다. 그래서 열성적인 선수들은 법칙과 근거에 관해, 또 합의점에 이르기 위해 논의를 하곤 하지요. 탈레스는 합의와 개념 정의에 바탕을 둔, 신중하고 순차적인 추론을 통해 법칙을 이끌어 내야 한다는 사실을 보여 주었습니다.

이 새로운 지적 게임이 참가자들을 얼마나 짜릿하게 했을지 상상하기 힘듭니다. 역사상 처음으로, 사람들은 선과 도형의 원리에 관해 일관된 추상적 사고를 하고 있었습니다. 바빌로니아 사람들과 이집트 사람들은 직각, 수평기(면이 평평한가 아닌가를 재거나 기울기를 조사하는 데 쓰는 기구—옮긴이), 분할 원, 기하학적 디자인을 '활용'했고, 탈레스와 친구들은 그것에 관해 '생각'했습니다. 탈레스가 피라미드의 높이를 잴 때처럼 추상적으로 생각한 것이지요.

탈레스는 바빌로니아의 분할 원이 360도로 나뉜다는 사실을 설명하며, 똑같은 측정법을 각도에 어떻게 적용할 수 있는지를 보여 주었습니다. 이것은 몇 가지 정의와 법칙만 알면 대개 스스로 확인할 수 있는 것들이었습니다.

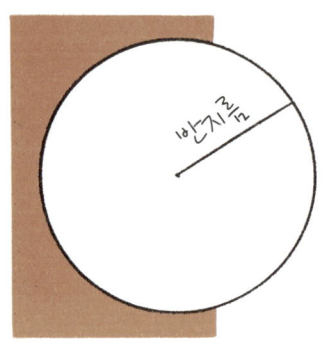

원은 한 점에서 같은 거리에 있는 점들로
이루어진 곡선이다. 이때 한 점은 원의
중심이고, 원의 중심으로부터 원 위의
한 점까지의 거리를 반지름이라고 한다.

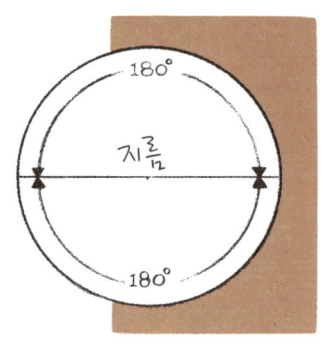

지름은 원의 중심을 지나는 현이며,
원주를 정확히 이등분하는 직선이다.
나뉜 각 부분의 각도는 180도이다.

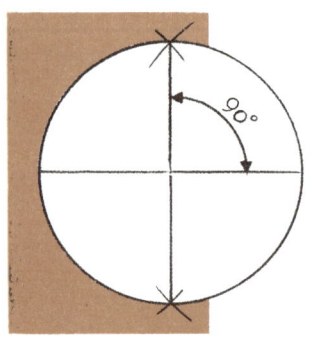

반지름보다 긴 끈을 이용해 지름의
양끝에서 반지름보다 크되 각각의 크기가
동일한 호를 그리면, 만나는 두 점이 생긴다.
이 두 점을 연결하면 원의 중심을
통과하는 수직이등분선이 된다.
이 선은 원을 4등분하며, 나뉜 4부분의
각도는 모두 90도이다.

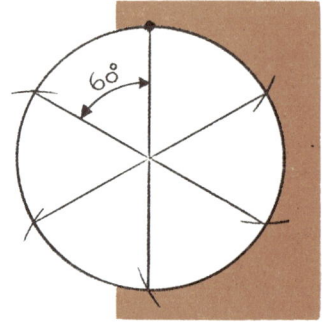

반지름과 길이가 똑같은 끈을
원주에 놓고 원주와 만나는 호를
그리면 원이 6등분되며, 각 부분의
각도는 60도이다.

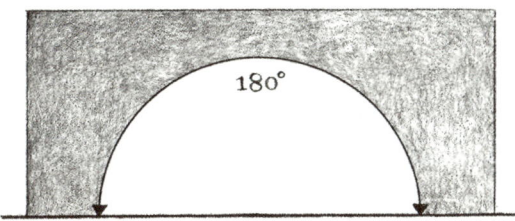

180°

이런 정의와 법칙을 통해, 한 점을 둘러싼 공간이 360도라는 사실이 분명해졌습니다. 따라서 지름처럼 한 점을 통과해 그린 직선이 이루는 각을 평각이라고 하며, 이 각의 크기는 180도입니다.

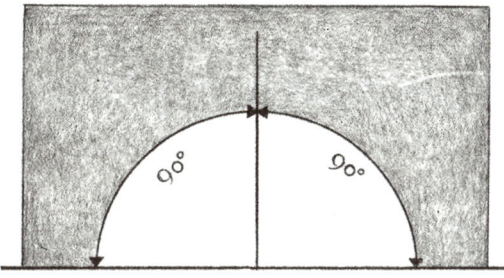

90° 90°

평각에 그린 수직선은 두 각을 형성한다. 이 각은 각각 90도이며, 직각이라고 한다.

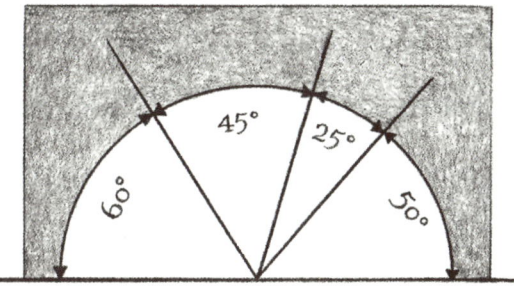

60° 45° 25° 50°

법칙 직선을 여러 각으로 나눌 경우, 그것이 두 직각이든지 각도가 다른 두 각이든지, 두 각을 넘든지에 상관없이 각도의 합은 180도이다.

탈레스는 이집트의 밧줄 삼각형을 이야기하며, 친구들에게 10 보폭 간격으로 매듭을 지은 긴 밧줄을 각 변의 간격 개수가 3, 4, 5 가 되도록 땅에 펼치면 직각이 생긴다고 알려 주었습니다. 이는 더 짧은 밧줄을 1보폭 간격으로 매듭지어도, 또 그 보다 더 짧은 밧줄을 사람 손바닥 넓이만 한 간격으로 매듭지어도 마찬가지일 것입니다. 물론 삼각형들의 '크기'는 매우 다르겠지만, 이 삼각형들은 '닮은꼴' 일 겁니다. 모두 각 변의 비례가 3 : 4 : 5인 직각삼각형이 될 테니까요.

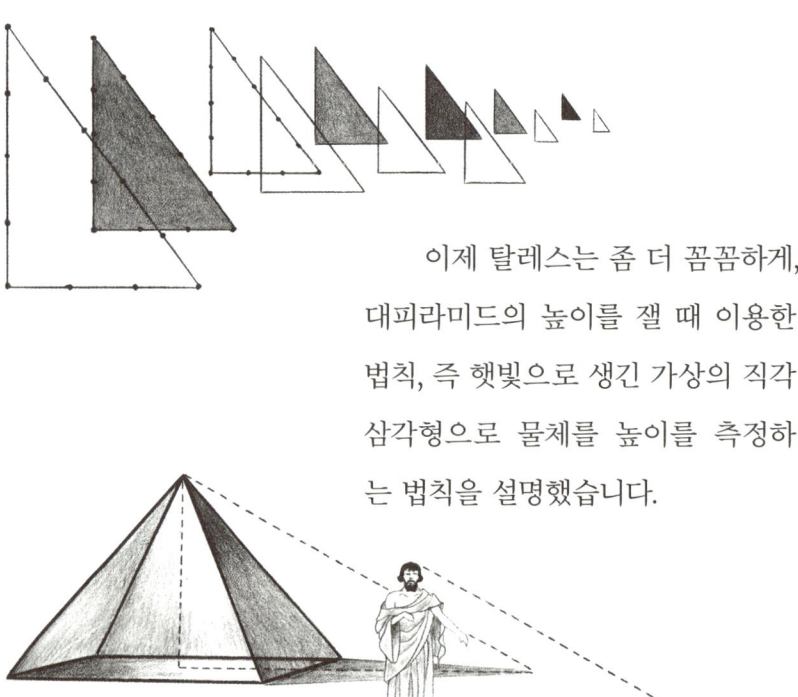

이제 탈레스는 좀 더 꼼꼼하게, 대피라미드의 높이를 잴 때 이용한 법칙, 즉 햇빛으로 생긴 가상의 직각 삼각형으로 물체를 높이를 측정하는 법칙을 설명했습니다.

법칙 직각삼각형의 대응각이 모두 동일할 경우, 직각삼각형은 닮은꼴 이며 이때 대응변의 비례도 모두 같다.

　　탈레스가 이집트의 수평기에 대해 연구를 해보니, 삼각형의 꼭짓점에서 늘어뜨린 끈이 밑변을 향해 수직으로 떨어지며 삼각형을 크기가 똑같은 두 직각삼각형으로 분할한다는 사실이 밝혀졌습니다. 그 다음에는 두 변의 길이가 동일하면 어떤 삼각형이든 두 밑각의 크기가 같다는 사실이 분명해졌고요. 이런 삼각형을 '이등변삼각형'이라고 부르는데, '이등변'을 뜻하는 영어단어 'isosceles'는 그리스어로 '다리가 같다'라는 뜻입니다.

법칙 이등변삼각형의 두 밑각의 크기는 서로 같다.

원을 6등분했을 때 나타난 익숙한 무늬에서, 뜻밖의 새로운 관계가 나타났습니다. 삼각형 각각의 세 변이 모두 반지름의 길이와 같고, 세 각이 모두 60도로 같았던 것입니다.

법칙 각 변의 길이가 같고, 내각의 크기가 모두 같은 삼각형을 정삼각형이라고 한다. 각 내각은 모두 60도이며 세 내각의 합은 180도이다.

두 선이 직각으로 교차하면 90도인 각이 똑같이 4개가 생기므로, 두 직선이 교차할 경우 마주보는 두 각의 크기가 똑같다는 사실을 쉽게 알 수 있습니다.

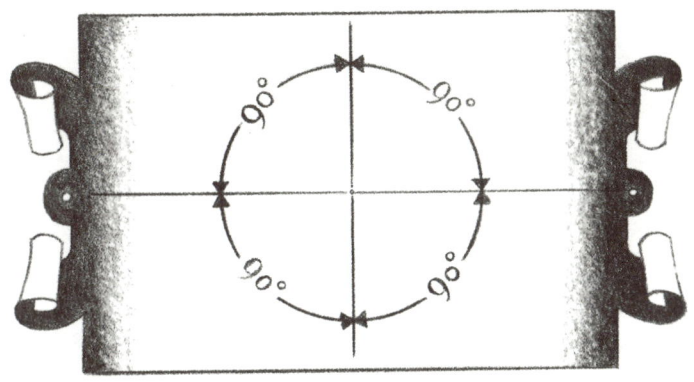

두 평행선에 사선을 그으면, 90도보다 작은 등각 2쌍과 90도보다 큰 등각 2쌍이 생깁니다.

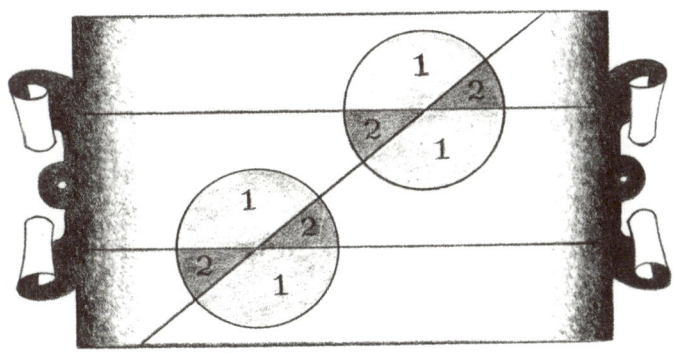

법칙 사선이 두 평행선을 지나며 생긴 내엇각의 크기는 같다.

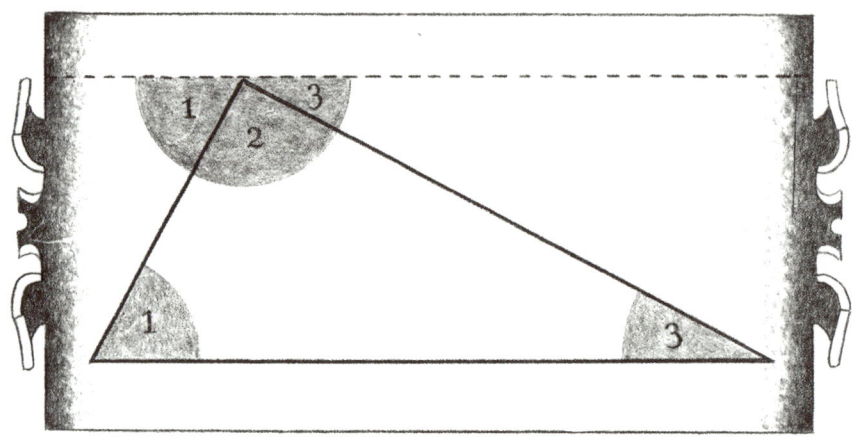

탈레스는 말했습니다. "삼각형의 밑변과 평행한 선을 그리면, 삼각형의 내각의 합이 180도임을 알 수 있다.

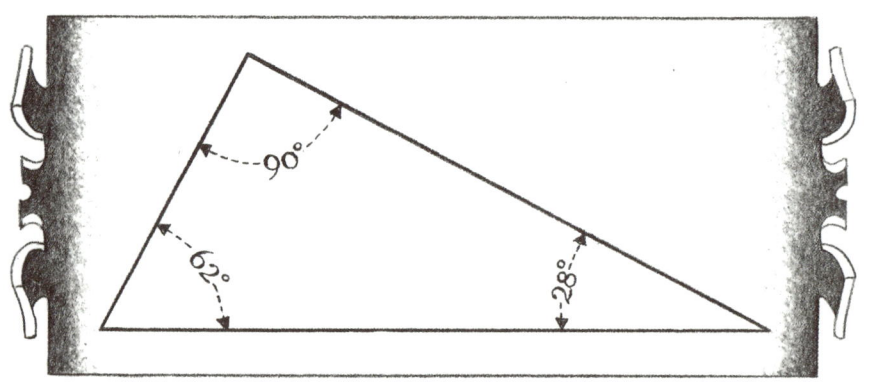

그리고 모든 직각삼각형에서, 직각은 90도이므로, 다른 두 각의 합은 90도가 된다."

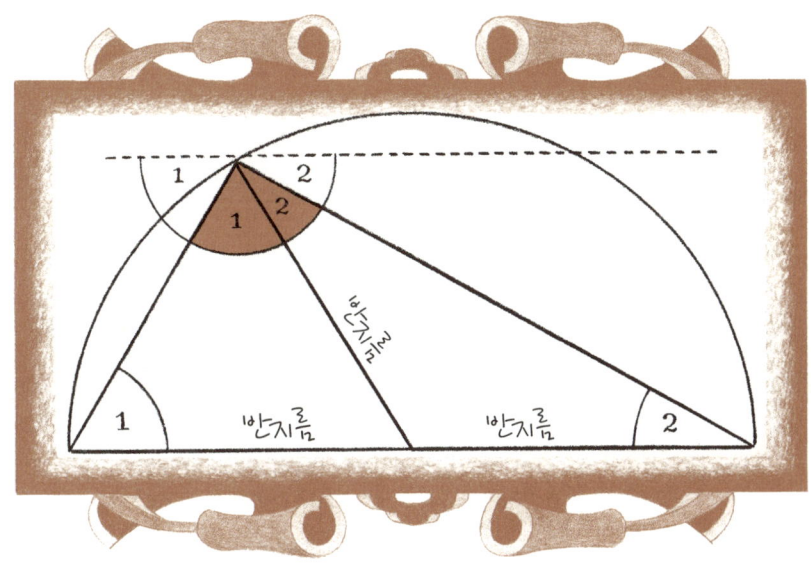

마지막으로 탈레스는 친구들에게 이런 법칙을 조합하여 반원에 관한 중요한 점을 발견했음을 보여 주었습니다. 탈레스는 반원의 어떤 지점에서든 지름의 양끝으로 직선을 그리면 직각이 생긴다는 사실을 지적했습니다. 여러분은 탈레스가 이 사실을 어떻게 증명했는지 알 수 있나요?

반원의 한 지점까지 반지름을 그리면 내접한 삼각형이 분할되며 2개의 이등변삼각형이 생깁니다. 우리는 이등변삼각형은 두 밑각의 크기가 같다는 사실을 알고 있습니다. 그리고 반원에 내접한 각(위 삼각형에서 색칠된 부분-옮긴이)의 크기는 두 밑각의 합과 같기 때문에, 이 합을 2배로 하면 180도가 됩니다. 따라서 내접각은 180도의 절반인 90도가 됩니다.

법칙 반원에 내접한 각은 모두 직각이다.

탈레스는 추상적인 법칙에 관심이 있긴 했지만 늘 현실적인 사람이었고, 일단 법칙을 발견하면 어떻게 적용해야 하는지를 알았습니다. (올리브유 짜는 기계 이야기를 떠올려보세요.) 탈레스는 삼각형에 관한 법칙을 공식화한 후 이것을 이용해 해변에서부터 바다에 나간 배까지의 거리를 측정하기도 했습니다. 이 공식은 상인들에게 무척 유용했지요. 이것은 그리스의 식민지였던 이오니아 사람다운 업적이었습니다. 탈레스 시대 이오니아 사람들은 철학자일 뿐만 아니라 발명가, 혹은 재창출자이기도 했기 때문입니다.

테오도루스는 이집트의 수평기를 그리스식 수평기로 만들었습니다. 그리고 아낙시만드로스는 바빌로니아와 이집트에서 쓰던 해시계인 그노몬gnomon을 도입하여 시간을 알려 주는 기계도 만들었다고 합니다. 이처럼 발명은 우주의 근본 물질을 추측하는 것 못지않게 이오니아인들 사고방식의 일부를 차지했습니다.

탈레스는 이오니아 자연 철학의 모든 분야에 탁월했던 최초의 사람이었습니다. 그는 논리적 사고의 진정한 개척자로 자연, 그리고 특히 자신의 일을 기하학적 관점에서 바라보았습니다. 끈과 직선 자와 그림자로 하는 새로운 게임에서 최초로 법칙을 공식화한 사람이 바로 탈레스입니다. 탈레스는 온 나라를 통틀어 이러한 법칙의 필요성을 가장 먼저 느낀 사람으로서, 기하학을 추상적으로 만들었습니다. 그리고 그는 법칙 위에 또 다른 법칙을 세우며, '연역적 추론'이라는 위대한 방식을 처음 시작했고 후대 기하학자들은 이를 계승했습니다. 탈레스가 자신의 법칙을, 실용적인 것에는

전혀 관심이 없는 사람들에게 전했기 때문입니다. 그 법칙을 발전시켜 그리스 이론 기하학의 토대를 세울 비밀 단체, 바로 피타고라스학파에 말이지요.

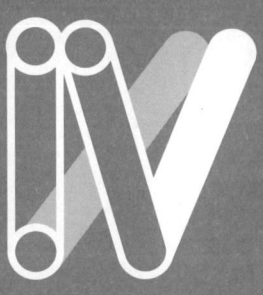

비밀에 싸인 피타고라스학파 :
기하학, 수학 그리고 마술

11

신성한
피타고라스

그리스 기하학의 초기 역사는 그리스의 식민지였던, 이오니아 지방의 도시 국가 밀레투스에서 기하학이 처음 창시되었을 때와는 이상할 만큼 다르게 진행됩니다. 이 시기의 기하학은 신화와 마술, 도형과 법칙이 혼합된 것으로 모두 피타고라스라는 전설적인 인물을 중심으로 돌아갑니다.

　신성한 피타고라스. 그는 죽은 후에는 물론이고 살아 있는 동안에도 이렇게 불렸습니다. 기원전 6세기 후반은 여전히 미신의 시대였습니다. 이 시기에는 이오니아의 '생리학자들(생물의 기능과 활동의 원리를 연구하는 사람들－옮긴이)'만이 자연에서 일정한 패턴을 발견하려고 했습니다. 대부분의 사람들은 여전히 신과 영혼이 나

무와 바람과 번개 속에서 움직인다고 믿었습니다. 그리고 그리스에는 비밀스러운 의식을 통해 구성원들을 신에게 더 가까이 데려다준다고 약속하는 광신적 종교 집단들, 이른바 신비스러운 단체들이 널리 퍼져 있었지요. 심지어 예언자가 어떤 집단의 지도자이기도 했습니다.

피타고라스는 이런 지도자들 중 한 사람이었습니다. 그는 밀레투스와 멀지 않은 사모스 섬에서 태어났습니다. 그의 어머니는 페니키아인, 석공이었던 아버지는 그리스인이라고 알려져 있습니다. 하지만 사람들은 지혜와 마술로 큰 명성을 얻은 그를 가리켜, 아폴로 신의 아들일 것이라고 수군댔습니다.

피타고라스는 잠시 동안이었지만 탈레스와 동시대를 살았습니다. 피타고라스는 탈레스가 죽기 20여 년 전에 태어났으므로, 탈레스 시대 후반부터 활동한 셈입니다. 피타고라스의 활동으로 알려진 내용 중 일부분은 역사적 사실입니다.

기원전 6세기, 피타고라스가 살았던 사모스 섬은 정치적으로 억압을 받고 있었습니다. 섬의 독재자인 폴리크라테스는 가혹한 통치를 펼쳤고, 인근에 있는 페르시아 제국은 과도한 공물을 요구했습니다. 그래서 수많은 사람들이 이를 피해 이주를 했고, 피타고라스 역시 이들 중 한 사람이었습니다. 피타고라스는 이탈리아 끝에 있는 작은 섬인 크로톤에 정착했습니다. 그는 이곳에서 기하학의 발달에 큰 공헌을 한 비밀 교단을 설립했습니다. 우리는 이것을 세계 최초의 수학 동호회라고 불러도 좋을 것입니다.

피타고라스의 삶은 대부분 전설과 얽혀 있습니다. 탈레스의 경우처럼 재미난 이야기도 있고 무척 이상한 이야기도 있지요. 그리고 수많은 발견이 그의 업적이라고 생각됩니다. 따라서 우리는 피타고라스와 피타고라스학파에 대해 이야기를 할 때 사실과 이야기 사이에서 길을 잘 선택해야 합니다.

피타고라스는 탈레스에 대한 이야기가 멈춘 곳에서부터 등장하기 시작합니다. 우리는 일단 그가 탈레스의 제자였다는 전설을 받아들이기로 합시다.

끈과 직선 자와 그림자로 하는 탈레스의 흥미진진한 새 게임에 관한 소문이 이오니아 전역에 퍼졌을 것입니다. 그리고 이웃한 도시와 섬에 있는 사람들이 이 게임에 참여하기 위해 몰려들었을 것입니다. 이들 중 특히 한 사람은 밀레투스라는 도시와, 생각하고 규칙을 발견하고 땅에 도형을 그리는 새로운 방식을 배우는 데 마음을 빼앗겼습니다. 그는 바로 젊은 피타고라스였지요.

나이가 많은 탈레스는 청년의 열렬한 관심에 기뻐했을 것입니다. 피타고라스의 통찰력 있는 질문들은 지식을 향한 진정한 갈증을 보여 줬으니까요. 탈레스는 피타고라스에게 자신이 아는 모든 것을 가르쳤습니다. 그런 다음 그에게 직접 고대 국가를 돌아다니며, 학문의 발달을 근원부터 연구해 보라고 독려해 주었습니다.

피타고라스는 탈레스의 조언에 따라 여행을 하기 시작했습니다. 그의 여행은 탈레스가 했던 것보다 훨씬 폭넓었습니다. 피타고라스는 바빌론(바빌로니아의 수도-옮긴이) 이야기를 듣고 열의가 불

타올라 그곳을 방문해 칼데아(바빌로니아 남부를 가리키는 고대의 지명-옮긴이) 천문학자들의 지식을 흡수했습니다. 또 고대 피라미드와 오벨리스크, 이집트 신전들을 보고 싶어했지요. 그리고 이집트의 멤피스와 디오스폴리스에서 사제들의 입에서 입으로 전해진 지식들을 공부했습니다.

또 피타고라스는 지중해 일대를 구석구석 여행한 덕분에 많은 것을 배웠습니다. 그가 긴 항해를 하는 동안, 페니키아 선원들은 운항을 할 때 별이 얼마나 중요한 역할을 하는지를 가르쳐 주었습니다. 피타고라스는 탈레스가 그랬던 것처럼 그동안 사람들이 보지 않았던 방식으로 사물을 보았습니다.

그는 망망대해에서, 수면이 평평하지 않고 곡선으로 구부러졌다는 사실을 깨달았습니다. 저 멀리서 다른 배가 나타날 때마다 그

사실을 똑똑히 알 수 있었습니다. 처음에는 수평선에 돛대의 꼭대기만 보였습니다. 그리고 배가 가까이 다가올수록 배 전체가 점점 모습을 드러냈지요. 이것을 보고 피타고라스는 '지구가 둥근 것이 분명하다'라고 추측했습니다. 다른 천체들은 어떨까요?

달은 보름달일 때, 장밋빛이나 누르스름하거나 은백색인 둥근 원형으로 하늘에 떠올랐습니다. 달이 차오르다가 기울면, 달 표면에 곡선이 생기면서 일부는 빛나고 일부는 그림자가 진다는 것을 상상할 수 있었습니다. 즉 달도 의심할 여지없이 구체였던 것입니다. 그리고 빛나는 태양 역시 타오르는 원으로 하늘에 나타났습니다. 그리하여 피타고라스는 지구와 태양, 달과 행성들이 모두 틀림없는 구체라는 결론을 내렸습니다. 구는 그야말로 완벽한 형태였습니다. 역사적으로 피타고라스는 이 발상을 널리 퍼뜨린 최초의 인물이라고 생각됩니다.

피타고라스는 이런 식으로 관찰하고 연구하면서 긴 세월 동안 여행을 했습니다. 어떤 사람들은 그가 터번 같은 동양식 옷차림을 하게 된 것으로 보아 인도처럼 먼 곳까지 가서 그 문화에 깊은 영향을 받았을 것이라고 이야기합니다. 그의 신비주의적 개념들 중에서 마법의 수와 윤회 같은 것은 전형적인 동양의 개념입니다.

여행을 끝낸 피타고라스는 마침내 사모스로 돌아갔습니다. 그의 고향 사람들이 돌아온 그를 어떻게 받아들였는지는 정확히 알 수 없습니다. 하지만 여러 이야기를 통해 그들이 피타고라스가 가져온 지식에 무관심했다는 것을 짐작할 수는 있습니다. 다음은 피타

고라스의 첫 번째 제자가 증언한 이야기입니다.

피타고라스는 사람들이 자신의 지식에 귀를 기울이지 않자 무척 실망했습니다. 그리하여 직접 한 소년을 데려와서, 그에게 수업이 끝날 때마다 3오볼ᵒᵇⁱ을 줄테니 학생이 되어 달라고 부탁했습니다. 소년은 그야말로 횡재한 기분이었습니다. 몇 시간 동안 그늘에 앉아 이 현인의 이야기를 들으면, 무더운 햇빛 속에서 종일 일하는 것보다 더 많은 돈이 생길 테니까요. 당연히 소년은 피타고라스의 수학 강의를 열심히 들었습니다.

피타고라스는 자신의 제자에게 밧줄 측량사들이 했던 단순한 계산에서부터 페니키아 항해자들이 쓴 방법, 그리고 추상적인 규칙과 추론 등을 가르쳐 주었습니다. 피타고라스의 이야기에 흥미를 느낀 소년은 그에게 수업을 더 많이 해달라고 졸랐습니다. 그러자 피타고라스는 자신은 가난하며, 소년에게 돈을 지불하는 것이 점점 버거워지고 있다고 했습니다. 그러자 그 소년은 자신이 수업료를 낼 테니 계속 수업을 받고 싶다고 말했습니다. 그동안 소년은 피타고라스에게 수업료를 낼 만큼 돈을 충분히 모았던 것입니다.

이 이야기는 피타고라스가 이런 식으로 제자를 모으기 시작했다는 것을 증명해 주지는 않습니다. 그러나 그가 사람들에게 끈과 직선 자와 그림자를 이용한 새로운 게임의 매력을 보여 주고, 교사로서 큰 역할을 하게 된다는 점을 예고해 줍니다.

우리가 확실히 아는 것은 피타고라스가 사모스 섬을 떠나 시칠리아 연안의 작은 섬인 크로톤 섬에 정착하게 되었다는 사실입니다.

당시 이곳은 그리스의 식민지가 되어, 그리스 사람들로 들끓고 있었습니다. 크로톤에는 수학 역사상 길이길이 기억될 장소가 있습니다. 피타고라스가 제자들을 불러 모으고 마침내 그 유명한 비밀 교단을 설립한 곳이 바로 그곳이지요.

이 비밀 교단은 '피타고라스학파'로, 그들의 삶의 방식은 무척 특별했습니다. 그들은 남자든 여자든 간단한 소지품까지도 함께 나눠 썼습니다. 또 피타고라스가 육체는 죽어도 영혼은 사라지지 않고 계속 삶과 죽음을 반복한다는 '윤회'에 대해 가르쳤기 때문에, 동물을 존중했고 고기나 생선을 먹지 않았습니다. 그런 생물들 속에 죽은 친구의 영혼이 있을 수도 있기 때문이지요. 또한 그들은 양털로 만든 옷도 입지 않았고 신에게 바치는 제물이 아닌 다음에야 어떤 것도 죽이지 않았습니다.

이들은 자신들의 발견과 피타고라스의 가르침을 비밀로 하기 위해 엄청난 서약으로 자신들을 구속했습니다. 또 그들은 피타고라스를 무척 존경했습니다. 그래서 어떤 논쟁이 발생했을 경우 이 말 한 마디면 논쟁이 해결되었습니다. "그분이 그렇게 말씀하셨어!"

피타고라스학파는 다른 비밀 교단과 차별되는 큰 특징이 하나 있었습니다. 피타고라스는 "지식은 인간의 영혼을 정화해 준다"라고 가르쳤지요. 그래서 피타고라스학파는 끝없는 윤회에서 인간을 자유롭게 해줄 지식을 얻는 데 열중했습니다. 피타고라스학파에게 그 지식은 수학이었지요.

12

피타고라스의 정리

피타고라스와 관련해서 가장 유명한 이야기는 비밀 교단에 대한 것도 아니고, 동굴에서 여러 해 머물며 마법의 힘을 얻었다는 기묘한 전설도 아닙니다. 그것은 '피타고라스의 정리'라고 불리는 단순한 기하학 정리(형식화된 법칙)입니다.

　피타고라스의 정리는 다음과 같습니다. '직각삼각형에서, 빗변을 한 변으로 하는 정사각형의 넓이는 나머지 두 변을 각각 한 변으로 하는 정사각형의 넓이와 같다.'

　피타고라스의 정리와 그 증명은 근본적인 진보였습니다. 이것은 고대 기하학의 주춧돌이 되었고, 다른 어떤 것들보다도 기하학 이론에 가장 큰 영향력을 미쳤으며, 실용성도 가장 뛰어났습니다.

후대 작가들은 이것을 '황금 덩어리'라고 불렀습니다.

그러나 피타고라스의 명성은 다른 이유 때문에 높아졌을 것입니다. 그는 교양 교육으로서 수학을 가르친 최초의 인물입니다. 우리가 쓰는 '수학mathematics'이라는 용어는 피타고라스의 강좌에서 유래한 것이랍니다.

피타고라스는 '마테마타mathemata'에 관해 강의했습니다. 이것은 피타고라스가 살던 시대의 언어로, 원래는 학업을 뜻하는 단어였지만 그가 이 단어를 사용하자 '수학'이라는 뜻이 되었습니다. 피타고라스의 '마테마타'는 폭넓은 영역을 다루었지만, 모든 부분이 서로 밀접하게 관련되어 있었습니다.

피타고라스의 강의가 열린 곳 입구에 강의 내용을 소개하는 포스터가 붙어 있다고 상상해 봅시다. 포스터는 강의가 '영혼을 고

양하는 음악, 숫자와 그 속성, 고대 바빌로니아에서 연구한 행성에 관한 지식, 새로운 이론적 기하학의 추상적인 규칙'이라는 4과목으로 구성되어 있음을 알렸을 것입니다. 각 주제는 수학적 관점에서 연구되었습니다. 이 강의를 듣는 것은 비밀 교단에 들어온다는 뜻으로 생각되었지요.

'수학자 mathematician'는 내부의 비밀에 접근하도록 허락받은 사람이라는 뜻으로, '청강생'이나 '초심자'와는 구별되었습니다. '수학자'는 몇 년 동안 명상과 운동과 연구 같은 일일 프로그램으로 구성된 엄격한 과정을 거친 후에도, 고작 커튼 뒤에서 피타고라스가 읊조리는 가르침을 듣도록 허락받았습니다. 그들은 완벽한 훈련 과정을 마친 후에야 피타고라스의 실제 강의에 참석할 수 있었습니다.

상상력을 발휘해서 이 배타적이고 폐쇄적인 강의에 참석한 사람들 사이에 앉아 봅시다. 그리고 위대한 피타고라스가 불멸의 명제를 증명하는 것을 들어 보면 어떨까요? 그는 아마 이런 방식으로 증명하지 않았을까요?

수업은 이런 선언과 더불어 시작했을 것입니다. "나는 마침내 오랫동안 우리를 어리둥절하게 했던 문제의 해결책을 찾았습니다." 웅성웅성하던 사람들이 경외심으로 잠잠해진 가운데, 흰 가운과 금색 샌들을 신고 금으로 만든 화관을 머리에 쓴 '그분'이 지시봉, 그리고 끈과 직선 자를 들고 강의를 시작했습니다.

"우리를 당황하게 만든 문제가 무엇인지 들어 보십시오. 단원들 중 연장자들은 이미 이 문제로 고심해 왔지만, 새 입단자들을 위해 다시 살펴보겠습니다. 이것은 밧줄 측량사들이 썼던 '이집트의 직각'으로, 직각을 낀 두 변의 길이는 각각 3칸과 4칸이고, 빗변은 5칸입니다." 그는 모래땅에 이집트의 직각을 그린 다음, 각 변과 맞닿은 정사각형을 더 그렸습니다.

"정사각형을 세거나 넓이를 계산해 보면 직각을 낀 두 변을 각
각 한 변으로 하는 정사각형의 전체 넓이는 빗변을 한 변으로 하는
정사각형의 넓이와 같음을 알 수 있습니다."

피타고라스의 이야기를 들은 신입 단원들은 직접 계산을 해
보았습니다.

$(3 \times 3) + (4 \times 4) = (5 \times 5)$

$9 + 16 = 25$

계산을 마친 신입 단원들은 피타고라스의 말에 동감하며 고
개를 끄덕였습니다. "이제 직각과 관련된 그리스의 무늬를 보여 드
리겠습니다." 피타고라스는 모래에 아까 그렸던 것과 비슷한 무늬
를 그리며 다시 설명을 시작했습니다.

"이 그림 역시 아까와 똑같은 관계가 성립됩니다." 그는 지시봉

으로 진하게 색칠되어 있는 직각삼각형과, 관련된 정사각형들을 가리켰고 사람들은 다 함께 수를 세었습니다(127쪽 그림 참조).

"보십시오. 직각삼각형의 빗변에 붙어 있는 정사각형에는 직각삼각형이 4개가 들어 있고, 직각삼각형의 다른 두 변에 붙어 있는 정사각형에는 각각 2개의 직삼각형이 들어 있습니다. 직각을 낀 두 변에 붙어 있는 직각삼각형을 모두 더해 보면 삼각형이 총 4개라는 것을 알 수 있습니다. 즉 직각을 낀 두 변을 각각 한 변으로 하는 두 정사각형의 넓이는 빗변을 한 변으로 하는 정사각형의 넓이와 같습니다."

피타고라스는 신입 단원들이 동의의 뜻으로 고개를 끄덕일 때까지 기다렸다가 말을 이었습니다.

"인도의 사제들은 이와 비슷한 다른 작도법을 알고 있습니다. 그들은 이것을 엄격하게 보호하고 있지만, 우리는 그중 일부를 알아냈습니다. 바빌론에서, 사제이기도 한 점성술가가 저에게 결코 알려진 적이 없는 이 비밀에 관해 속삭여 주었거든요."

사람들의 관심이 치솟아 숨소리마저 들리지 않는 가운데, 피타고라스는 엄숙하게 읊조렸습니다. "그 비밀이 우리에게 주어진 문제입니다. 변의 길이에 상관없이, 모든 직각삼각형에 이와 똑같은 관계를 적용할 수 있는가? 그리고 이것을 어떻게 보여 줄 것인가?"

그 극적인 순간에 피타고라스는 커튼 뒤로 물러났고, 수행원들이 줄이 달린 기구를 연주해 휴식 시간임을 알렸습니다. 신입 단원들은 혼란에 빠졌습니다. 그들은 제안을 하고, 논쟁하고, 소리쳤

습니다. 그동안 이 문제를 연구해 온 나이 많은 수학자들은 그렇게 소란스럽지는 않았지만 훨씬 더 흥분한 상태였습니다.

마침내 피타고라스가 다시 나타났습니다. 그가 다시 강의를 시작하자 모두가 즉시 침묵했습니다.

"답이 늘 '그렇다'로 밝혀지는 놀라운 그림 그리는 법은 보여 주지 않을 것입니다. 연장자인 수학자들은 천천히 주의 깊게 한 단계씩 작도를 하면서 이미 알고 있는 몇 가지 간단한 정리를 활용하면, 이 논증이 철저히 증명될 수 있음을 깨달을 것입니다. 오늘 나는 여러분 모두가 내 위대한 발견을 볼 수 있도록 그것을 신속히 그리기만 할 것입니다."

피타고라스는 수행원들에게 모래를 매끄럽게 다듬으라고 지시하고, 지시봉으로 자신의 말을 강조하면서 그림을 그리기 시작했습니다.

"이 아름다운 그림을 잘 보십시오. 크기에 상관없이 정사각형

틀을 그리고, 그것의 모서리에 크기에 상관없이 작은 정사각형을 그리겠습니다. 그 다음, 이 작은 정사각형의 두 변이 큰 틀의 가장자리까지 이어지도록 직선을 그리겠습니다.

제가 그린 틀 속에 무엇이 들어 있는지 보이십니까? 작은 정사각형 1개, 중간 크기 정사각형 1개, 그리고 크기가 같은 직사각형 2개가 보일 것입니다. 그리고 다음으로 두 직사각형에 대각선 하나씩만 추가하겠습니다.

자, 이것이 제가 필요한 그림입니다. 제가 그린 틀에는 이제 작은 정사각형 1개, 중간 정사각형 1개, 크기가 같은 직각삼각형 4개가 들어 있습니다. 이제 여러분은 이 그림을 더 자세히 보기 바랍니다."

피타고라스가 수행원들에게 손짓을 하자, 그들은 무늬가 분명히 드러나도록 채색된 모래를 그림의 일부분에 부었습니다.

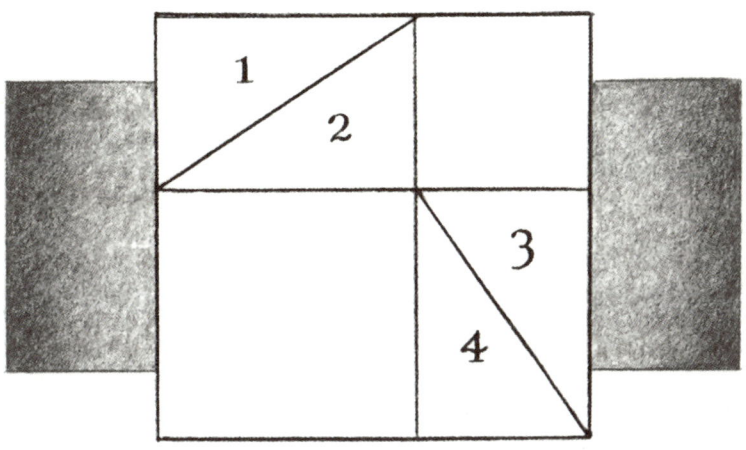

　　"다시 보십시다." 피타고라스는 그림을 지시봉으로 가리키며 신중하게 말했습니다. "여러분도 알겠지만 이 그림 속 삼각형들은 위치만 다를 뿐, 모두 같은 삼각형입니다. 자, 이 삼각형들, 특히 2번 삼각형이 정사각형들과 어떻게 맞닿아 있는지 보십시오. '작은 정사각형'이 '삼각형의 짧은 변을 한 변으로 하는 정사각형'이라는 사실이 보일 것입니다. 그리고 '중간 크기 정사각형'은 삼각형의 '긴 변을 한 변으로 하는 정사각형'입니다. 그러니 내가 그린 틀은 '똑같은 직각삼각형 4개, 삼각형의 짧은 변을 한 변으로 하는 정사각형 1개, 삼각형의 긴 변을 한 변으로 하는 정사각형 1개'로 빈틈없이 가득 찬 것입니다."

　　피타고라스가 잠시 말을 멈추자, 신입 단원들 사이에서 경외심으로 가득 차 낮게 웅성거리는 소리가 들렸습니다.

　　"자, 보십시오." 피타고라스가 말했습니다. 그리고 그는 마지막으로 능숙하게 그림을 그렸습니다.

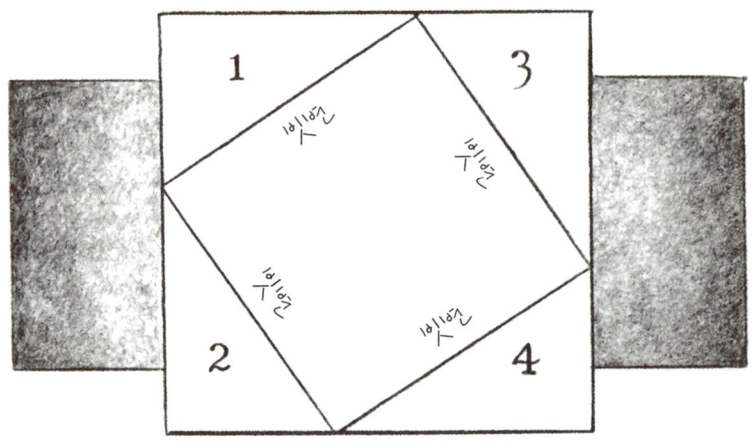

　"자, 나는 정사각형 틀의 네 모서리에, 4개의 직각삼각형이 꼭 들어맞도록 배치를 했습니다. 이제 정사각형 틀은 '똑같은 직각삼각형 4개'와 '직각삼각형의 빗변을 한 변으로 하는 정사각형'으로 가득 채워졌습니다.

　그런데 이 직각삼각형들은 모두 같은 것들이므로 이들을 제거하고 나면 우리는 새로운 사실을 알 수 있습니다. 바로 앞에서 그린 그림과 이 그림을 비교하며 보세요. 이 두 그림에서 직각삼각형들을 제거하고 보면, 직각삼각형의 빗변에 대응하는 정사각형의 넓이는 다른 두 변에 대응하는 두 정사각형의 넓이의 합과 같아진다는 사실을 알 수 있습니다."

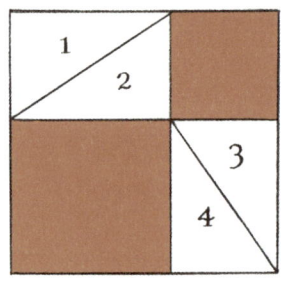

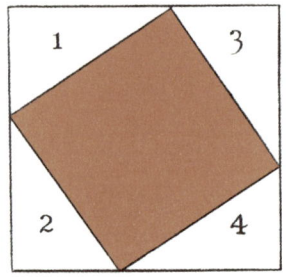

우리는 이 과정을 지켜본 피타고라스학파 사람들 사이에서 세찬 함성이 터져 나온 모습을 상상할 수 있습니다. 이 정리는 기하학의 발전 과정에서 피타고라스학파가 해낸, 진정으로 획기적인 발견이기 때문입니다. 길이와 측정에 관한 이후의 기하학 연구는 거의 대부분이 피타고라스의 정리를 바탕으로 이루어졌습니다. 특히 방정식을 도식화해서 푸는 이러한 방식은 장차 그리스 기하학의 주요 특징으로 남게 됩니다.

그러나 피타고라스의 정리는 이것을 처음 들은 신입 단원들에게는 신비로운 계시이기도 했을 것입니다. 전하는 이야기에 따르면 피타고라스는 자신의 '신성한 아버지'인 아폴로 신에게 소를 제물로 바치며 피타고라스의 정리를 발견한 것을 자축했다고 합니다. 일부 고대 작가들은 피타고라스가 채식주의자라는 사실을 바탕으로 이 부분에 이의를 제기했습니다. 하지만 제물이 무엇이었건 간에, 우리는 아래와 같은 신화 시에 묘사된 축제 풍경을 쉽게 그려 볼 수 있을 것입니다. 분명 수학자들은 노래를 불렀을 것이고, 횃불은 너울거렸으며, 제단에서는 연기가 피어올랐을 테지요.

"피타고라스는 그 유명한 그림을 발견한 날,
신들에게 이름난 재물을 바쳤도다!"

5개의
정다면체

시간이 흐르면서 피타고라스학파는 훨씬 흥미로운 발견을 했습니다. 그리고 그것에 기이한 우주적 의미를 부여했지요.

비밀 교단의 신입 단원들은 기하학이라는 영역에서 우주와 연결된 특별한 열쇠를 찾고 있었습니다. 숫자와 삼각형·원·사각형·구체, 그리고 그들이 직접 만든 더 정교한 도형으로 이루어진 이 놀랍고 새로운 영역에서 말이지요. 오랫동안 공들여 실험을 한 결과, 그들은 '5개의 정다면체'를 발견했습니다.

이 5개의 정다면체에 얽힌 이야기는 전설과 역사의 조각조각을 통해 추측할 수 있을 뿐입니다. 모든 실험이 일급비밀이었기 때문이죠.

피타고라스학파는 신입 단원들에게 자신들의 비밀을 반드시

유지해야 한다는 사실을 주지시키기 위해 우선 그들의 옷에 달린 상징인, 신비로운 '오각형 별 모양' 그리는 법을 가르쳐 주었을 것입니다. 나중에 설명하겠지만 그들은 이 비밀스러운 방법을 이용하여 변이 5개인 도형, 즉 오각형을 천에 그렸습니다. 그런 다음 각 꼭짓점을 사선으로 이으면 별 모양이 생겼습니다. 그리고 마지막으로 별의 뾰족한 다섯 점 끝 각각에 건강을 뜻하는 그리스어 '$\acute{v}\gamma\acute{\iota}\varepsilon\iota\alpha$ hygeia'를 배치했는데, 이것은 '위생'을 뜻하는 영어 단어 'hygiene'의 어원입니다.

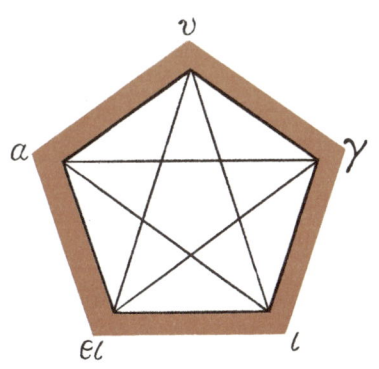

오각형 별 모양은 피타고라스학파의 신성한 상징이었습니다. 이것은 수백 년 동안 주술사와 마술사들이 즐겨 사용하는 상징이 되었습니다. 그러나 이것은 또한 실험적인 발견이기도 했습니다. 지금까지 알려진 것 중 기하학

도형에 최초로 문자를 쓴 사례였기 때문이죠.

다음 실험은 바닥을 덮은 타일을 가지고 진행되었을 것입니다. 타일은 피타고라스의 정리를 가장 손쉽게 설명할 수 있었거든요.

그들은 모양이 다양한 헐거운 타일을 만들어 땅에 일정한 무늬가 생기도록 배치했습니다. 그리고 놀라운 사실을 알아냈습니다. 바닥을 모두 똑같은 모양의 타일로 깔 수 있는 도형은 딱 3개 뿐이라는 것을요. 그것은 바로 정삼각형(변이 3개), 정사각형(변이 4개), 정육각형(변이 6개)이었습니다.

정오각형으로 시도를 해보면 아름다운 꽃 모양이 만들어지기는 했지만 타일 사이에 빈틈이 생겼고(137쪽 상단 왼쪽 그림 참고—옮

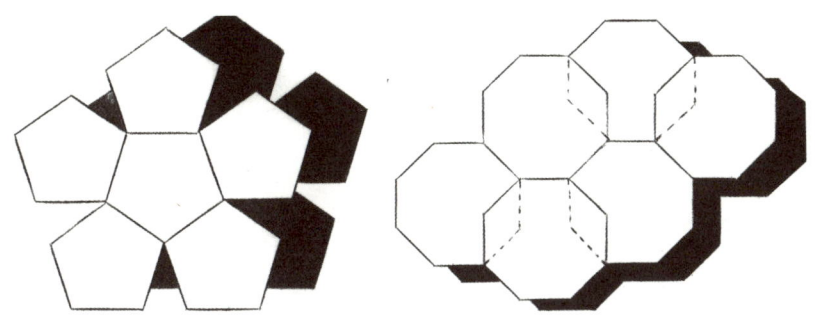

긴이), 변이 6개 이상인 도형은 반드시 타일끼리 겹쳤습니다(상단 오른쪽 그림 참고―옮긴이). 이처럼 정삼각형, 정사각형, 정육각형을 제외한 크기와 모양이 똑같은 다른 도형들은 서로 빈틈없이 결합시킬 수 없었습니다.

이 수수께끼에 대해 피타고라스학파 사람들은 신입 단원들에게 이렇게 설명했습니다. "한 점 둘레는 총 360도이므로, 바닥을 모두 똑같은 모양의 타일로 빈틈없이 덮으려면 모서리의 각도가 총 360도가 되는 도형들만 이용할 수 있습니다. 이런 도형은 딱 3개뿐입니다. 모서리 각도가 60도인 정삼각형 6개, 모서리 각도가 90도인 정사각형 4개, 모서리가 120도인 정육각형 3개."

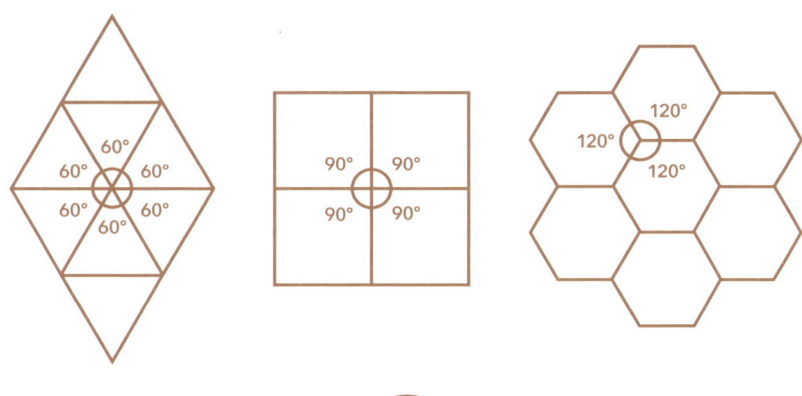

이 실험을 하는 과정에서 타일 또는 나무를 붙이거나, 가죽 조각을 꿰매서 이으면 '입체각'이 생긴다는 것을 발견했습니다. 그리고 이 발견은 입체각으로 도형을 만드는 결과로 이어졌습니다.

피타고라스학파 사람들은 이것을 '정다면체'라고 불렀습니다. 정다면체는 다면체 중에서 한 꼭짓점에 모이는 면의 수가 같고, 면의 모양이 모두 같은 정다각형입니다. 앞에서 말했듯이, 이들은 수많은 실험을 거친 후에야 이 5개의 정다면체를 발견할 수 있었습니다. 정육면체나 정사면체는 아주 먼 고대부터 알려진 것이었지만, 정팔면체나 정이십면체는 사람들이 한 번도 보지 못한 모양이었습니다. 또 정십이면체는 피타고라스학파 사람들이 우주의 질서를 어지럽혔다고 생각할 만큼 놀라운 발견이었습니다. 그럼 정다면체 5개를 하나하나 자세히 살펴볼까요?

정육면체 피타고라스학파는 정사각형 타일 3개를 붙여 각을 만들고, 타일 3개를 더 붙여 정사각형 면이 6개 있는 입방체를 만들었습니다. 그리고 이것을 '정육면체'라고 불렀습니다.

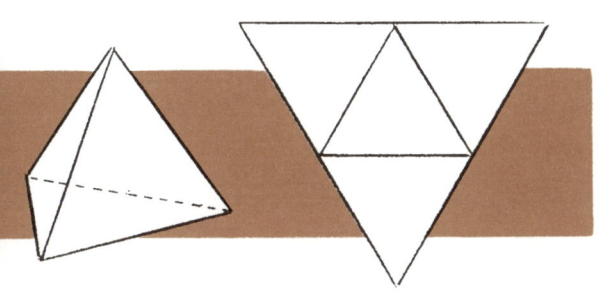

정사면체 정삼각형 3개를 붙여 입체각을 만든 다음, 하나를 더 붙여 면이 4개인 사면체의 토대를 만들었습니다.

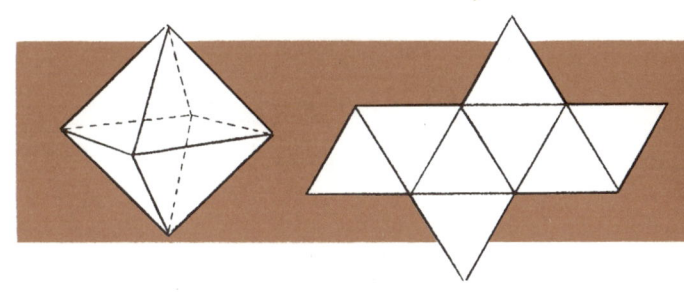

정팔면체 정삼각형 4개로 입체각 만들기를 2번 반복하여 입체각 2쌍을 만듭니다. 이렇게 만든, 면이 8개인 이 도형에 '정팔면체'라는 이름을 붙였습니다.

정이십면체 이것은 진정한 난관이었습니다. 피타고라스학파 사람들은 정삼각형 5개를 붙였을 때 깜짝 놀랐습니다. 이 입체각은 '오각형' 모양이었습니다. 이제 이들은 오각형을 손으로 그리지 않고도

구현할 수 있었습니다. (물론 이 방법은 비밀에 부쳐졌지요.) 그러나 이들은 꼭짓점을 둘러싼 정삼각형 5개로 어떻게 정다면체를 만들 수 있었을까요? 초기의 시도는 모두 실패했습니다. 그런데 마침내 누군가 제대로 된 아이디어를 냈습니다. 윗부분에 정삼각형 5개를 배치하고, 아랫부분에 정삼각형 5개를 배치한 다음, 가운데 부분에는 고대 바빌로니아의 문양에 따라 정삼각형 10개를 붙여 중앙의 띠를 만드는 것이었지요. 이렇게 해서 삼각형 모양 면이 20개 있는 '정이십면체'가 탄생했습니다.

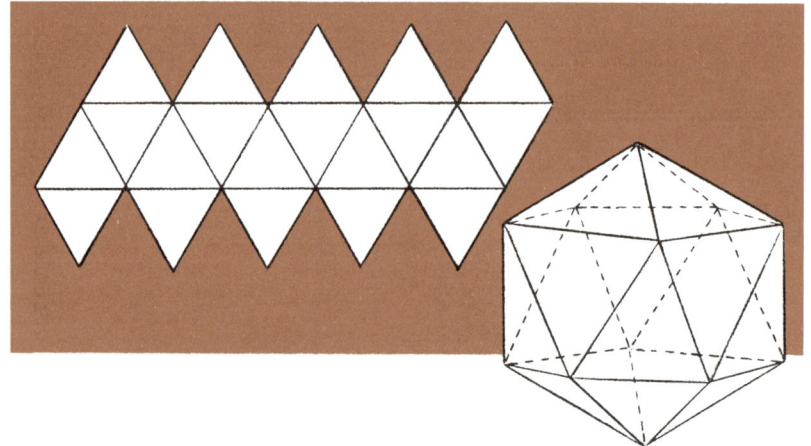

정십이면체 마지막 정다면체는 피타고라스학파에게 무척 소중한 오각형으로 만들었습니다. 이들은 정오각형 하나를 다른 정오각형 5개로 둘러싼 꽃 모양을 이용했습니다. 이 모양은 평평한 땅에서는 빈틈없이 맞지는 않았습니다. 그러나 이것을 들어 올리면, 정오각형 6개가 컵 모양의 다면체를 이루며 완벽하게 맞닿았습니다. 그리고

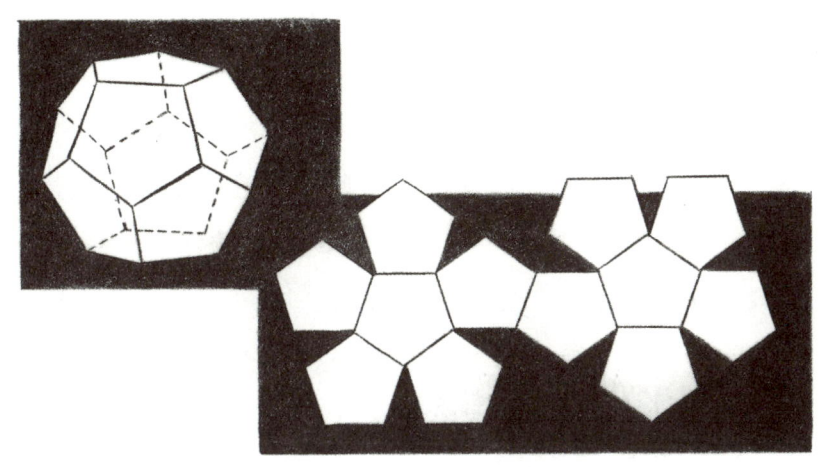

또 이와 똑같은 다면체를 위에 덮으면, 총 5개의 정다면체 중에서도 가장 어렵고도 아름다운 정다면체가 나타났습니다. 그것은 바로 오각형 면이 12개가 있는 '정십이면체'였지요.

이 5개의 정다면체는 이것을 연구한 최초의 기하학자들 사이에 큰 동요를 일으켰습니다. 사람들은 이 다면체에 마음을 빼앗기고 경외감을 느끼며 그것들을 살펴봤습니다. 손으로 만져 보고, 이리저리 돌려 보고, 유리를 볼 때처럼 속을 들여다보았습니다. 피타고라스학파 사람들이 이 5개의 정다면체에 신비로운 의미를 부여한 것은 불가피한 일이었습니다.

그 무렵 이 비밀 교단은 시칠리아와 남부 이탈리아의 수많은 도시와 섬에 퍼져 있었습니다. 시칠리아의 피타고라스학파 사람들은 에트나 산 근처에 사는 다른 이상한 교사와 친했습니다. 그는 엠페도클레스라는 인물로, 늘 보라색 옷을 입고 다녔고 과학 실험을

했습니다. 그는 세상이 흙과 불과 공기와 물로 이루어져 있다고 했습니다. 그리고 이들 원소는 작은 입체로 이루어져 있는데, 각 정다면체가 보이는 특징에 따라 정육면체는 흙, 정사면체는 불, 정팔면체는 공기, 정이십면체는 물에 대응시켰습니다. 또 플라톤의 《대화》에는 남부 이탈리아 로크리 출신의 피타고라스학파 사람이 각정다면체를 위와 같은 자연의 요소에 대응했다는 사실도 기록되어 있습니다. 다섯 번째 정다면체인 정십이면체에 관해서는 기묘한 이야기가 많았습니다. 이것에 대해서는 다섯 번째 원소가 필요하다고 생각될 때까지 비밀에 부쳤습니다.

4가지 원소를 정다면체에 대응시켰던 추론은 다음과 같이 진행되었습니다. "토대 위에 단단히 세워진 정육면체는 안정된 땅과 일치한다. 또 서로 마주보는 두 모서리각에 의해 지탱되며 자유롭게 회전하는 정팔면체는 자유롭게 움직이는 공기와 일치한다.

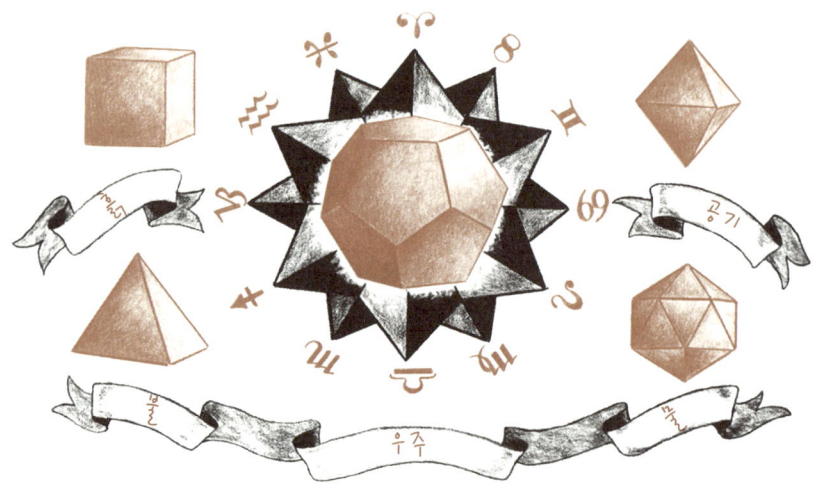

정사면체는 표면에 비해 부피가 가장 작고, 거의 구와 다름없는 정이십면체는 부피가 가장 크며, 이들은 각각 마른 성질과 축축한 성질이 있으므로 정사면체는 불을, 정이십면체는 물을 뜻한다."

마지막으로 발견된 정십이면체에 대해서는 다음과 같이 말했습니다. "황도는 12궁으로 이루어졌으니, 정십이면체는 우주 전체를 뜻하는 것이 아니겠는가."

오늘날에도 이 다면체들의 아름다움과 상호 관계는 마치 마법처럼 보입니다. 우선 정다면체가 5개뿐이라는 사실이 무척 놀랍습니다. 또 정다각형의 변이 무한해지면 원에 내접할 수 있습니다. 변이 무척 짧아져서 거의 원에 가까운 형태가 되는 것이지요. 원에 내접하는 모든 다면체가 그런 것은 아닙니다. 이 5개의 형태만 해당되지요.

그리고 이 5개의 도형은 놀랍기 짝이 없는 방식으로 관계를 맺습니다. 이 5개의 도형은 모두 마술 상자의 칸처럼 하나 속에 다른 하나를 집어넣으면 딱 들어맞습니다. 이 신기한 내적 조화로 더 깊은 관계를 맺게 되지요. 이 5개의 도형은 일정한 순서로 교대하며 같은 도형끼리, 혹은 서로서로 끝없이 내접할 수 있습니다. 그러니 이 5개의 정다면체가 오랫동안 '신들의 주사위'라고 불린 것은 놀라운 일이 아닙니다.

무리수가
불러온 비극

피타고라스학파가 해체되기 전, 그들은 자신들의 손에 우주의 비밀을 열 수 있는 열쇠가 들어왔다고 생각했습니다. 그러나 얼마 안 가 모든 것이 무너지고 말았습니다. 치명적인 발견으로 인해 조직 전체가 파괴되었고, 피타고라스학파는 반역자와 폭도들에 의해 멸망하고 말았습니다. 그러나 우리는 이 침울한 이야기를 되짚어 보며,

이 사건이 완전히 비극적이지만은 않다는 사실을 발견하게 될 것입니다. 피타고라스학파는 잠시 동안이었지만 정말로 우주의 열쇠를 손에 쥐었기 때문입니다. 그들은 이 열쇠를 추상적인 도형만으로는 발견할 수 없고, 음악이나 별에서도 발견할 수 없으며, 이 모든 것을 연결하는 한 가지 요소, 즉 수에서 발견할 수 있다고 믿었습니다.

'그분'이 말씀하셨습니다. "모든 것은 곧 수이다."

피타고라스학파 사람들은 우주가 '자연수'의 다스림을 받는다는 피타고라스의 가르침을 따랐습니다. 그들에게 자연수는 세거나 계산을 하는 평범한 수가 아니었습니다. 그들은 그 수가 홀수인지 짝수인지, 나누어떨어지는지, 나눌 수 없는지 같은 수 자체의 속성과 수 사이의 관계에 흥미를 느꼈습니다. 이것이 그들의 '수론 arithmetike'입니다. 그리고 그들은 이것을 다른 영역에도 적용하여 각 영역에서 놀라운 수의 패턴을 발견했습니다.

예를 들어 음악에서는 수와 음계 사이의 관계에서 깜짝 놀랄 만한 발견이 이루어졌습니다. 이것은 피타고라스가 직접 발견한 것으로 생각됩니다. 한 전설에 따르면 피타고라스는 긴 여행을 하다가 돛이 펄럭이는 소리, 바람이 배의 삭구 사이로 지나면서 밧줄 위에서 내는 휘파람 소리, 그리고 끼익끽 하는 소리를 들었다고 합니다. 바로 그때, 소리와 떨리는 줄의 관계를 연구하기로 결심했다고 해요.

또 다른 전설에서는 피타고라스가 깊은 생각에 잠긴 채로 크로톤의 마을을 거닐고 있었는데, 대장간에서 모루 위의 달궈진 쇠

를 망치로 때리는 소리를 듣게 되었다고 합니다. 그는 이때 망치의 무게에 따라 소리가 다 다르다는 것을 깨달았습니다. 듣기 좋은 소리가 날 때가 있었고 그렇지 않을 때도 있었지요. 그래서 그는 듣기 좋은 소리가 날 때가 언제인가 하는 실험을 하게 되었다고 합니다.

그러나 가장 유명한 이야기에 따르면 피타고라스는 현이 달린 리라를 보고 음에 관한 실험을 하게 되었다고 합니다. 피타고라스는 줄의 팽팽한 정도는 똑같이 하고 줄의 길이를 다양하게 해서 실험을 했습니다. 곧 그는 진동하는 줄의 길이와 음의 높이 사이에 어떤 관계가 있음을 발견했습니다. 한 음이 있을 때, 그 음보다 한 옥타브 높은 음(8도 높은 음–옮긴이), 5도 높은 음, 4도 높은 음은 팽팽하게 당겨진 줄의 각각 다른 지점을 누르기만 하면 낼 수 있다는 사실을 알게 된 것이지요. 즉 줄의 가운데 지점(2분의 1 지점–옮긴이)을 누르면 8도 높은 음이 났고, 3분의 2지점을 누르면 5도 높은 음이, 4분의 3지점을 누르면 4도 높은 음이 났습니다.

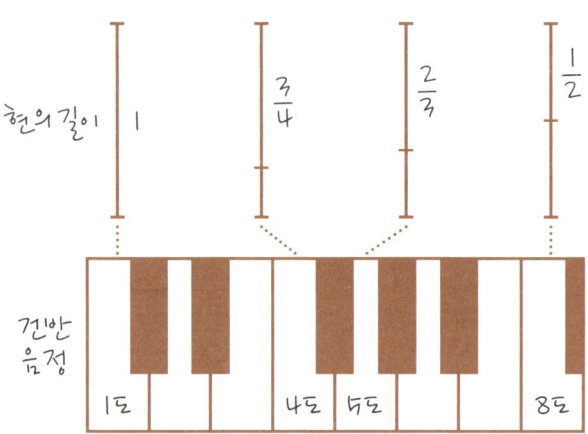

　　다른 음악적 혁신이라고 할 수 있는, 화음을 연구하는 외줄 기구 같은 것도 그의 업적이라고 생각됩니다. 그러나 '테트라코드'야말로 위대한 발견이었습니다. 피타고라스는 자연수 1, 2, 3, 4를 중요하게 생각해서 이것을 '사원수'라고 불렀는데 이 사원수의 비례에 따라 가장 중요한 배음 간격을 알아낸 것입니다. 피타고라스학파는 이 4음 음계에 신비로운 의미를 부여하여 이렇게 말하곤 했습니다. "델파이의 신탁은 무엇인가? 그것은 바로 테트라코드다. 이것은 사이렌의 음계이기 때문이다."

　　피타고라스학파는 테트라코드를 천문학에도 이용했습니다. 그들은 숫자와 음악의 관계를 보고, 하늘을 떠도는 행성들에게 길을 안내하는 일정한 방식을 발견했다고 믿었습니다. 태양과 행성은

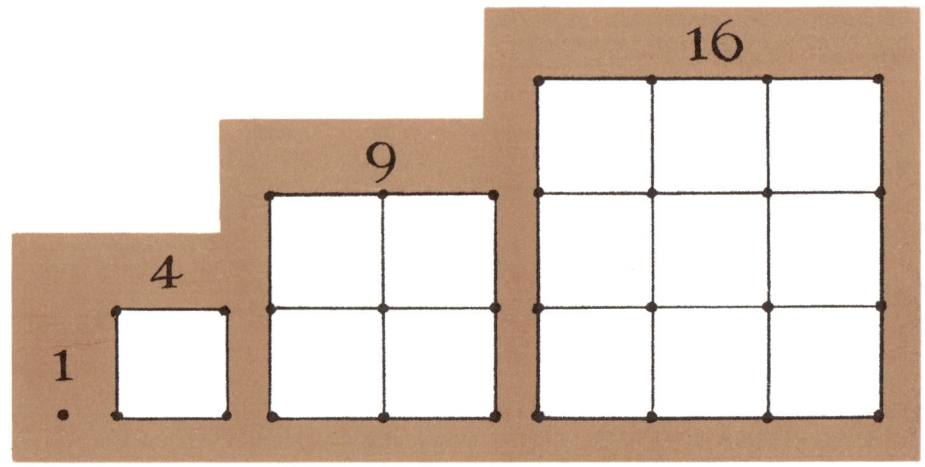

기하학적으로 완벽한 구체이고, 둥근 하늘을 완벽한 원형 궤도를 따라 움직이며, 그 궤도는 조화로운 비례, 즉 음계에 의해 나뉜다고 생각했지요. 그들은 선과 음과 수학적 비례가 시간과 공간을 드러낸다고 생각했습니다. 밝은 행성들이 발산하는 조화로운 음, 이른바 '천체의 음악'도 상상했지요.

피타고라스학파는 완벽하게 수학적인 이 두 주제, 즉 수와 기하학이 연결된다는 사실을 확신했습니다.

피타고라스학파는 수가 사실상 기하학적 형태를 띤다는 사실을 발견했습니다. 이것을 형상수라고 하는데 이런 형상수들 중에는 삼각수·사각수·오각수·직사각수 등이 있었습니다. 형상수는 노래하는 행성처럼 허황된 몽상이 아니었습니다. 실제적인 수학적 발견이었습니다. 그들은 셈을 할 때처럼 모래에 조약돌을 늘어놓으며 수를 만들었습니다. 조약돌을 일정한 형태로 배치했고, 각각

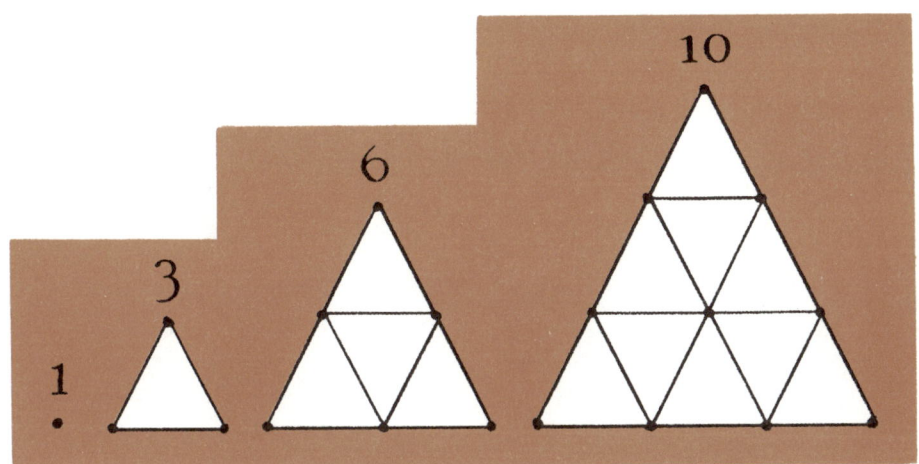

의 수에 줄을 덧붙였습니다. 가장 중요한 2가지 수는 사각수와 삼각수였습니다.

　피타고라스학파에게 가장 중요한 수는 4번째 삼각수인 '10'이었습니다. 그것은 1과 2와 3과 4를 더한 값이었기 때문입니다. 그들은 그것을 '신성한 테트락티스'라고 부르며, 맹세를 할 때 그것을 빗대었고, '영원성의 근원이자 뿌리'라는 경이로운 속성을 부여했습니다.

　이처럼 피타고라스학파가 수는 어디에나 있다는 증거를 점점 더 많이 확보할수록, 조직 전체는 와해되었습니다. 그들에게 있어 사고의 토대였던 기하학과 수의 관계가 재앙 같은 하나의 실험 때문에 산산이 부서졌습니다. 이 실험을 주도한 것은 메타폰툼의 히파수스라는 사람으로, 이 이름은 훗날 피타고라스학파를 어둠으로 물들이게 됩니다.

이 실험의 목표는 피타고라스가 그의 정리를 증명할 때 썼던 두 직각삼각형(이집트의 밧줄 삼각형과 바닥에 깔린 타일 삼각형)의 세 변에 대응하는 숫자들을 찾자는 것이었습니다.

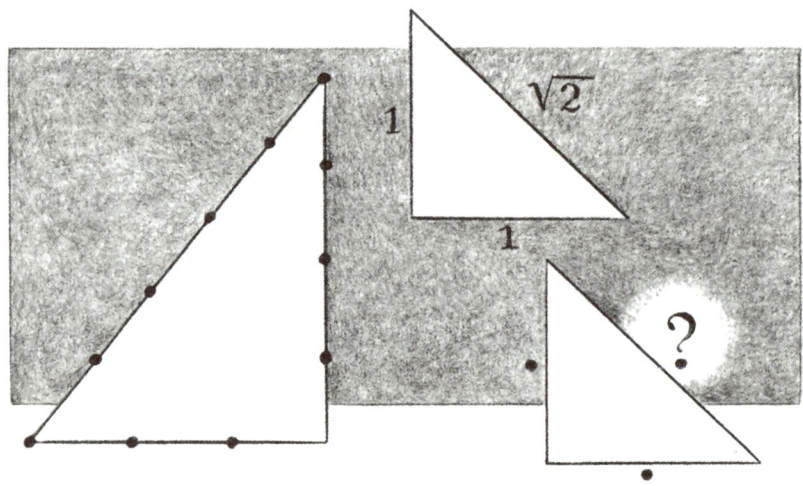

이집트의 밧줄 삼각형은 문제없이 해결되었습니다. 3과 4와 5로 이루어진 변은 아름다운 피타고라스 연작을 연출했습니다. 그러면 두 변의 길이가 같은 그리스의 타일 무늬에서 보이는 직각삼각형은 어땠을까요? 직각삼각형의 각 변의 길이를 1이라고 가정해 봅시다. 조약돌로 간격을 나타내 보면, 빗변을 제외한 두 변에는 조약돌이 각각 1개씩 필요할 것입니다. 그러면 빗변에는 조약돌을 몇 개 놓아야 할까요? 직각을 낀 두 변을 각각 한 변으로 하는 두 정사각형의 넓이의 합은 빗변을 한 변으로 하는 정사각형의 넓이와 같습니다. 그러므로 다음과 같을 것입니다.

$1^2 = 1$ (직각을 낀 두 변 중 한 변을,

한 변으로 하는 정사각형의 넓이)

그리고 $1^2 = 1$ (다른 변을 한 변으로 하는 정사각형의 넓이)

그리고 $1 + 1 = 2$

따라서 빗변을 한 변으로 하는 정사각형의 넓이는 2였습니다. 그렇다면 빗변의 길이는 2의 제곱근일 터였습니다. 그렇다면 2의 제곱근은 얼마일까요?

1과 2사이에는 자연수가 없으므로, 자연수일 리는 없었습니다. 그렇다면 1과 2사이에 같은 수를 두 번 곱해 2가 나오는 분수가 있을까요? 피타고라스학파 사람들은 가능한 수를 모두 찾아내 그것을 두 번 곱해보면서 혹시 그 결과가 2가 되는지를 살펴보았습니다. 하지만 그런 수는 없었습니다.

그들은 오랫동안 2의 제곱근이 되는 수를 찾으려고 노력했지만 결국 찾을 수 없었습니다. 지금의 우리는 2의 제곱근을, 끝없이 이어지는 소수인 1.4141…이라고 쓰지만, 이 당시에는 '0'과 소수에 관한 개념이 없었으므로 그렇게 하질 못했습니다. 빗변은 쉽게 그릴 수 있었지만 그것의 길이를 수로 표현할 수 없었던 것이었습니다. 그것은 뭐라 말할 수 없는, 말로 표현할 수 없는 것이었습니다.

결국 피타고라스학파 사람들은 2의 제곱근을 $\sqrt{2}$라고 했고, 이를 '무리수'라고 불렀습니다. 그 후 이들은 다른 무리수도 발견했고 이것들을 비밀에 부치기로 맹세했습니다. 무리수를 발견함으로써 세상 모든 것이 자연수와 자연수의 비로 표현된다는 피타고라스의 믿음이 무너졌기 때문입니다. 이러한 믿음이 무너지자 피타고라스학파 역시 뒤따라 무너지기 시작했습니다.

피타고라스학파는 곤경에 처했습니다. 피타고라스학파의 비밀주의와 배타성을 좋게 보지 않았던 크로톤 지역 사람들 마음에 분노가 자라났고, 결국 이들의 반발로 크로톤에서 쫓겨나고 말았던 것입니다. 이때는 피타고라스가 이미 이웃에 있는 섬에서 죽고 난 이후라고 알려져 있습니다. 이 이후, 민주적인 것을 지향하는 시민들이 귀족주의적인 피타고라스학파를 공격하기 시작했습니다.

이런 배경에서 히파수스는 보수적인 피타고라스학파 사람들에게 배신으로 느껴지는 행동을 했습니다. 비밀을 지키기로 한 맹세를 깨뜨리고 그동안 피타고라스학파에서 가장 엄중하게 비밀을 유지하던 발견, 즉 정십이면체와 무리수에 대해 폭로한 것이었습니다. 피타고라스학파가 그를 추방시키자, 히파수스는 대중에게 기하학을 가르치는 교사가 되었습니다.

하지만 배신자가 받은 형벌은 신속하고 무시무시했습니다. 피타고라스학파에서 쫓겨난 그는 얼마 지나지 않아 바다에서 알 수 없는 사고를 당해 익사했고, 곧 이상한 소문이 떠돌았습니다. 어떤 이들은 신들이 직접 복수를 하기 위해 폭풍을 일으켜 그가 탄 배를 덮쳤다고 했습니다. 다른 이들은 그가 피타고라스학파의 대리인들에 의해 배 밖으로 밀려 떨어졌다고 했습니다. 그러나 히파수스를 죽여도 피타고라스학파가 무너지는 것을 막지는 못했습니다. 무리수의 발견은 인류에게 도움이 되었지만, 피타고라스학파는 극심한

피해를 입고 말았습니다.

남은 피타고라스학파 사람들은 외적 폭력과 내적 불화로 분열되어 곧 무너지고 말았습니다. 이후 점점 더 많은 피타고라스학파의 수학자들이 히파수스를 본보기 삼아, 교사로 생계를 유지하려 했습니다. 피타고라스의 이념은 파괴되었고, 수가 다스리는 우주에 대한 믿음으로 결속한 폐쇄적인 집단은 사라지고 말았습니다. 그러나 피타고라스의 이상은 여러 영역에서 계속 살아남았습니다. 피타고라스는 지식을 위한 지식을 추구하며 지혜 자체를 사랑했습니다. 그는 지식은 나누어도 줄어들지 않고 평생 지속되며, 지식을 가진 사람에게는 죽은 후에도 사라지지 않는 명성이 남는다는 사실을 알고 있었습니다. 피타고라스의 믿음처럼, 피타고라스학파가 파괴된 이후 그의 유산은 세계에 전해졌지요.

이제 기하학은 열린 세상으로 나왔습니다. 그것은 새로운 피타고라스식 기하학이었습니다. 이 당시의 수학은 수 신비주의나 정다면체와 우주의 연관성처럼 여전히 마술과 섞여 있었습니다. 그러나 이제는 그 유명한 피타고라스의 정리와 이것의 적용, 철저한 도형 연구, 수에 관한 이론, 무리수의 발견도 함께 공존하게 되었습니다.

학문에서 박물관으로 :
기하학, 예술, 과학

황금기와 황금비

기원전 5세기는 그리스의 황금기였습니다. 그리스의 가장 아름다운 예술 작품과 건축물, 그리고 뛰어난 사상가들이 존재한 시기였지요. 이것들은 모두 새로운 기하학 연구에 큰 빚을 지고 있었습니다.

　　새로운 세기가 시작될 무렵, 기하학은 '황금비'를 비롯한 일련의 위대한 발전을 선보였습니다. 그리고 이때는 많은 면에서 눈부신 시기였습니다. 그리스에 침입한 페르시아인들이 그리스 땅에서 영원히 쫓겨났고, 페리클레스는 고대 그리스의 도시 국가인 아테네를 세계에서 가장 아름다운 곳으로 재건하고 있었습니다. 그리스 수학자들은 그의 초대를 받아 아테네로 몰려들었습니다.

　　이오니아에서는 '정신Nous'을 강조한 아낙사고라스가 왔고,

이탈리아 남부와 시칠리아에서는 피타고라스학파 사람들이, 그리고 '제논의 역설'로 유명한 엘레아의 제논이 왔습니다. 이들은 곧 온 아테네에 영향을 미쳤습니다.

아크로폴리스 언덕에, 대리석 신전과 채색한 청동 동상이 새로 세워졌습니다. 많은 사람들이 근처에 있는 널찍한 새 야외극장에 모여 위대한 그리스 극작가들이 쓴 불멸의 비극과 희극을 감상했습니다. 이 화려한 공공건물들은 조각가 페이디아스와 몇몇 건축가들의 지시에 의해 완성되었는데, 이들은 모두 기하학의 원리를 잘 알았고 이를 효과적으로 활용했습니다. 그들은 "예술 작품의 성공은 무수한 수학적 비례의 세밀한 정확성에 의해 달성된다"라고 주장했습니다. 그리고 그들이 지은 건물들은 전에는 보지 못했던 눈부신 완벽함을 자랑했습니다. 면밀히 계산된 기하학적 조화의 아름다움이었지요.

도시의 다른 곳에서는 새로운 기하학의 효과가 또 다른 형태로 나타났습니다. 아테네의 거리에서는 유명한 철학자들이 사람들과 대화하며 수학·지리학·수사학·올바르게 사는 법 같은 것을 가르쳤습니다. 소크라테스와 다른 철학자들은 "아름다움이란 무엇인가? 덕이란 무엇인가?"하고 물으면서 사람들이 그 답을 찾을 수 있도록 했습니다. 그런데 이들이 이용한 방법은 기하학자들에게서 빌려온 것이었습니다. 그들은 이것을 변증법이라고 불렀는데, 이는 기하학에서 쓰는 연역적 추론과 증명을 본 따 정형화한 것이었지요. 철학자들은 "기하학이 인간의 정신을 진리로 이끌어 주고 철학의 정신을 창조해줄 것이다"라고 말했습니다.

　　기하학은 황금기와 그 이후에 찾아온 암흑기에 어마어마하게 발달했습니다. 스파르타와의 전쟁으로 아테네의 민주주의가 무너진 후에도, 기하학은 귀족 정치가 부활한 아테네에서 계속 번창했습니다.

　　기원전 4세기 무렵부터 기하학은 학교에서 연구되기 시작했습니다. 기하학을 연구하기 시작한 최초의 학교이자 가장 유명한 학교는 위대한 철학자 플라톤이 세운 '아카데메이아'였습니다. 이곳은 도시에서 몇백 미터 떨어진 작은 올리브 숲에 있었고, 문 위에는 다음과 같이 적혀 있었습니다.

> "기하학을 모르는 자는 누구도 여기에 들어오지 못하리라."

　　플라톤의 아카데메이아는 최초의 고등교육기관이었습니다. 교과 과정은 피타고라스학파의 프로그램을 그대로 본받았지만 연구 영역은 더 넓어졌습니다. 아카데메이아의 설립 목적은 철인 통치자를 양성하는 것이어서 도덕과 정치 철학을 중요하게 생각했지만, 여전히 순수한 지혜를 추구하는 것을 이상으로 삼았고, 여전히 수학으로 기초 훈련을 했습니다. 플라톤은 부분적으로 피타고라스학파였던 것입니다.

　　플라톤은 스승인 소크라테스가 아테네 정부에 의해 죽게 되자, 시칠리아로 도피했습니다. 그는 그곳에서 유명한 피타고라스학파 사람들에게 수학을 배웠고 신비로운 개념을 알게 되었으며 귀족 정치에도 잠시 관여했습니다. 그리고 마침내 고향 아테네로 돌아와 직접 학교를 세웠고, 이 학교를 그리스 일대의 위대한 수학적 중추로 만들었습니다. 그 시대 수학자들은 대부분 플라톤의 친구이거나 아카데메이아와 관련이 있었습니다.

그곳에서 공부한 가장 재능 있는 기하학자는 크니도스의 에우독소스입니다. 그는 무리수의 교착 상태를 해결했고 기하학이 장차 대단한 발전을 할 수 있도록 했습니다. 그가 이 일을 해낸 방법, 즉 황금비 연구와 새로운 비례 이론에 관한 이야기는 무척 흥미진진할 것입니다. 그리고 상상력을 조금 보태어 살펴보면 우리에게 잠시나마 플라톤 시대의 아테네와 아카데메이아의 매혹적인 모습을 보여 줄 것입니다.

24살이었던 에우독소스는 플라톤의 아카데메이아에서 공부하기 위해 흑해 주변에 있는 도시인 크니도스에서 아테네로 왔습니다. 그는 너무 가난해서 도시에서 숙박할 수가 없었기 때문에 작은 항구 도시인 피레우스에서 살며 매일 학교까지 걸어 다녔습니다. 그는 아카데미아에 입학하기 전에 이미 기하학을 어느 정도 공부한 상태였습니다. 아카데메이아에 입학하려면 기하학을 알아야 했기 때문입니다. 그는 아카데메이아에서 기하학 도형의 무리수 문제에 특히 흥미를 느꼈습니다. 이 문제는 아테네에서 콘크리트나 대리석의 형태로 매일 눈에 보이는 것이었기 때문입니다.

높은 아크로폴리스 언덕 위에는 파르테논이라는 아름다운 신전이 서 있었습니다. 이 신전은 페리클레스 시대의 가장 놀라운 유적이자, 지금은 폐허가 되긴 했어도 여전히 우리의 마음을 사로잡

는 완벽한 건물이지요.

　　파르테논 신전은 이크티노스와 칼리크라테스가 수학 원리에 따라 설계한 것이었습니다. 신전을 둘러싼 기둥은 숫자를 응용해서 배치했습니다. 피타고라스의 조언대로 정면 기둥은 짝수, 즉 8개를 세웠는데 이는 가운데 기둥이 시야를 가리지 않도록 한 것이었습니다. 그러나 측면 기둥은 17개, 즉 홀수로 해도 상관없었습니다. 그리고 기둥은 착시 현상을 보완하기 위해 기둥 중간 부분을 약간 부풀게 하고 위 아래를 가늘게 처리하는 엔타시스 기법을 이용했습니다. 그러나 무엇보다 파르테논 신전은 건축에 비례를 적용한 최고의 예로 꼽힙니다. 학자들은 여전히 파르테논 신전 전체와 부분 부분이 보여 주는 논리적이고 조화로운 비례에 놀라워합니다. 이 아름다움

은 당시 유행한 √5직사각형 덕분에 성취된 것입니다.

파르테논은 이 당시의 많은 그리스 신전들처럼 √5직사각형, 즉 가로 길이가 무리수 √5인 직사각형을 활용하여 완성되었습니다. 이 당시 사람들은 √5직사각형을 어떻게 작도했으며, 이것이 무리수라는 사실을 어떻게 증명했을까요? 에우독소스는 어떻게 이 작도를 통해 직선의 비례 중에서도 가장 아름다운 황금 분할, 즉 황금비를 찾아냈을까요? 이것이 우리가 살펴볼 이야기입니다.

역사의 황금기에 건축이 발달한 것은 당연한 일입니다. 우리는 그리스 건축자들에게는 지금처럼 인치inch나 센티미터 같은 길이 단위를 잴 수 있는 세밀한 눈금이 그려진 막대가 없었다는 사실을 기억해야 합니다. 평면도는 여전히 끈(밧줄), 직선 자, 수평기, 삼각자를 이용한 옛날 방식으로 그려졌습니다. 그리고 오래된 일부 신전은 물론이고 몇몇 새 신전 역시 무척 계획성 없이 지어졌습니다. 그러나 아테네에서 기하학이 대중화되자, 건축가들은 끈과 직선 자로 신중하게 평면도를 그리게 되었습니다. 기하학 작도법을 실제 건물에 쉽고 정확하게 적용할 수 있었기 때문이지요.

신전은 여전히 엄격한 직사각형 형태였지만, 이제는 작도를 통

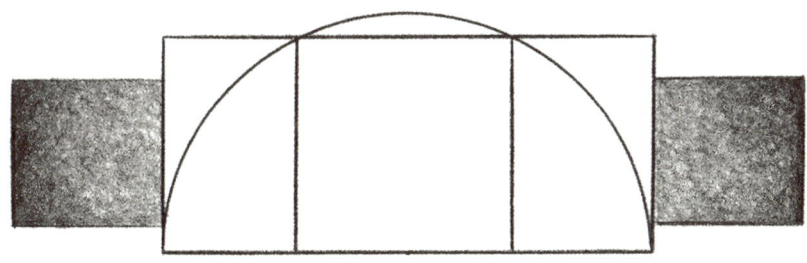

해 인기 있는 직사각형이 탄생했습니다. 그것은 바로 반원에 내접하는 사각형이었지요. 이것은 직사각형 모양이었습니다. 가로 길이는 반원의 지름과 같았고, 세로 길이는 내접한 정사각형 한 변의 길이와 같았습니다. 피타고라스 정리를 이용하니 수치를 계산하기가 쉬웠습니다. 당시의 건축가나 아카데메이아 학생들은 모두 이 방법을 알고 있었지요. 그 직사각형의 수치에는 무리수가 있었습니다. 내접한 정사각형의 한 변이 1이라고 하면 반원의 지름, 즉 직사각형의 가로 길이가 $\sqrt{5}$였던 것입니다.

── 김용관 선생님이 알려 주는 황금비 작도법 ──

이 내용은 황금비 작도법을 알면 쉽게 이해할 수 있습니다.

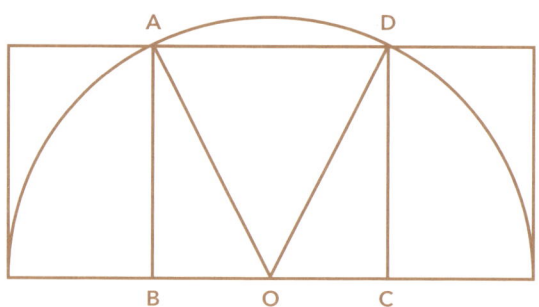

정사각형 ABCD가 있습니다. 여기서 선분 BC의 중점 O를 찾아 O로부터 점 A나 D까지의 거리만큼을 반지름으로 하는 반원을 그립니다. 반원의 양 끝점에서 수선을 그어 작도하면 위와 같은 길다란 직사각형이 작도됩니다.

　　이때 선분 AO나 DO의 길이는 피타고라스 정리에 의해 $\dfrac{\sqrt{5}}{2}$가 되고, 반원의 지름은 선분 AO나 DO 길이의 2배가 됩니다. 그래서 $\sqrt{5}$가 됩니다. 정리하자면 위 직사각형은 세로의 길이가 1, 가로의 길이가 $\sqrt{5}$인 것이지요.

피타고라스학파 사람이라면 누구나 이 √5직사각형 때문에 낙담하기 마련이었습니다. 그러나 에우독소스는 새 시대의 사람이었습니다. 그는 아카데메이아에서 잠시 공부한 후 이집트로 가서 박식한 사제들의 가르침을 받았습니다. 그 후에는 여행을 하면서 직접 학교를 세웠습니다. 그리고 세월이 흐른 후 아테네로 돌아와 스승인 플라톤을 찾아갔습니다.

이제 에우독소스는 가난한 학생이 아닌 인정받는 기하학 교사였지요. 그는 권위의 상징으로 수염과 눈썹을 이집트 식으로 깎았고, 제자 몇 사람과 동행하고 있었습니다. 아카데메이아에서는 그를 환영하는 뜻으로 휴강을 선포했습니다. 학생들은 모두 그를 보고 싶어 했고, 야외 강연 장소인 올리브 숲 그늘로 몰려들었습니다. 우리는 이곳에서 에우독소스가, 자신을 괴롭혔던 √5직사각형의 비례에 기하학적인 해답을 제시하는 모습을 상상할 수 있습니다.

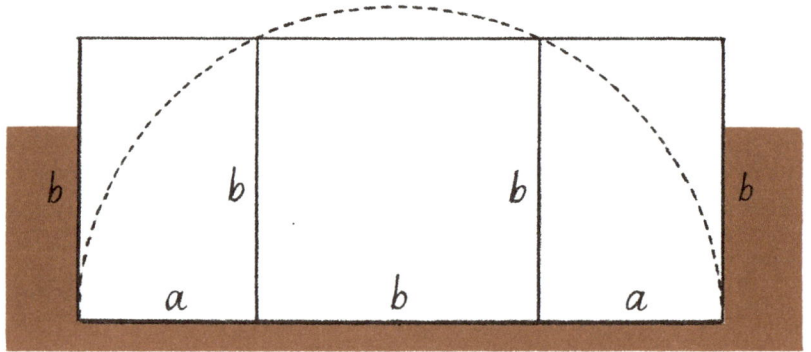

에우독소스가 말했습니다. "여러분은 이 숫자들을 아예 무시하고, 직사각형의 숫자적 중요성에 관해서 싹 잊어버리기를 바랍니다. 대신 우리는 '기하학적 수치' 중에서 비례를 찾아볼 것입니다. 그러니 이제 작도한 구조, 그러니까 반원에 내접한 사각형을 보십시오." 에우독소스는 끈과 직선 자를 이용해 모래에 그림을 그렸습니다.

"작도된 직선들을 보십시오. 기하학적 수치는 통틀어 둘 뿐이라는 점이 보일 것입니다. 무엇입니까? 하나는 어떤 경우에든 정사각형의 한 변 길이가 되는 b입니다. 이제 반원의 지름을 살펴봅시다. 이 선은 세 부분으로 나뉩니다. 긴 부분은 'b'로, 정사각형의 밑변입니다. 짧은 두 부분은 양쪽 끝에 있는 두 개의 'a'로, 이 둘은 길이가 같습니다. 'a'의 길이는 반지름에서 정사각형 밑변의 절반을 뺀 길이이기 때문입니다.

따라서 문제는 숫자의 크기에 상관없이 '기하학적 수치인 a와 b 사이의 비례'를 찾는 것입니다. 그러니 가장 단순한 형태로 이 문제를 보여 주기 위해 다시 간략하게 그림을 그리면 이렇게 됩니다."

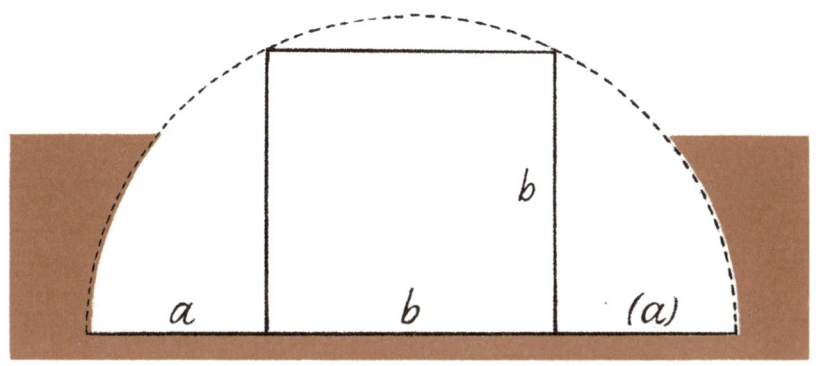

"직선, 즉 지름의 비례만 생각합시다.

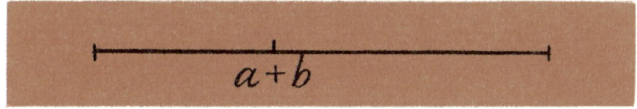

  a와 b를 한 직선의 짧은 부분과 긴 부분으로만 생각할 수 있지요. 이제 제 질문은 이것입니다. '이 직선의 짧은 부분인 a와 긴 부분인 b사이에는 어떤 비례가 성립되는가?' 이것을 아는 사람이 있습니까?"

  학생들이 도형을 응시하며 이 문제에 관해 이야기를 나누는 동안, 학생들 사이에서 흥분의 물결이 일었습니다. 플라톤은 웃음을 머금고 서 있었습니다. 대답하는 사람이 없자, 에우독소스가 주목하라는 뜻으로 손을 들고 말을 이었습니다.

  "답은 더 없이 단순합니다. 여러분 모두가 이미 아는 매우 쉬운 작도와 관련이 있습니다. 저는 정사각형의 위쪽 직각 모서리에서, 지름의 양끝을 향해 두 직선을 그리겠습니다. 그러면 무엇이 보입니까?" 그는 앞줄에 앉은 어느 열성적인 학생을 지목했습니다.

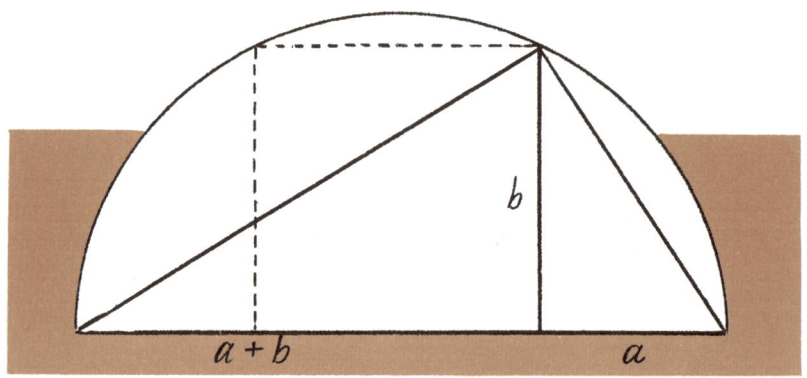

"직각이 보입니다." 소년이 외치듯이 말했습니다. "원주의 한 지점에서 지름의 양끝을 향해 그린 두 직선은 직각을 이룹니다."

"그 밖에 무엇이 보입니까?"

몇몇 학생들이 동시에 대답했습니다. "저 커다란 직각삼각형 속에 다른 직각삼각형이 두 개가 있습니다. 이 두 직각삼각형은 정사각형의 한 변에 의해 만들어진 것입니다. 정사각형의 한 변은, 동시에 커다란 직각삼각형의 꼭짓점에서 빗변을 향해 떨어진 수직선입니다."

"제대로 봤습니다." 에우독소스가 말했습니다. "여기서 작은

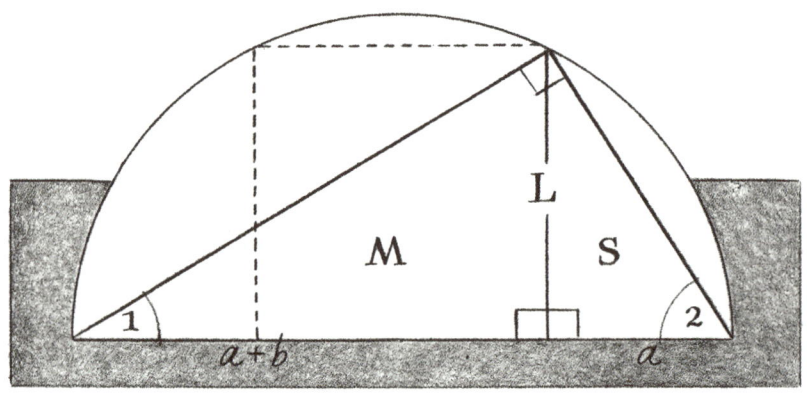

삼각형은 S, 중간 삼각형은 M, 큰 삼각형은 L이라고 부르겠습니다. 자, 이 세 삼각형의 관계가 보입니까?"

모든 학생들이 도형을 골똘히 응시하느라 잠시 고요해졌습니다. 그때 뒷줄에 앉은 한 소년이 외쳤습니다. "저 세 삼각형은 닮은꼴 아닙니까?"

"어떻게 증명하겠습니까?" 에우독소스는 동의의 뜻으로 고개를 끄덕이고 있었습니다.

"닮은꼴인 이유는 직각이 똑같기 때문입니다. 선생님께서 세 직각삼각형을 똑바로 세워서 나란히 그려 주신다면, 다른 사람들도 그 사실을 알 수 있을 것입니다."

에우독소스는 기꺼이 요청에 따랐고, 이해가 더딘 학생들을 위해 지시봉으로 설명했습니다. "그림에서 상대적으로 작은 두 삼각형이 각각 큰 직각삼각형과 공통된 각을 갖는다는 점을 눈여겨보십시오. 우리는 직각삼각형에서 직각이 아닌 다른 두 각의 합이

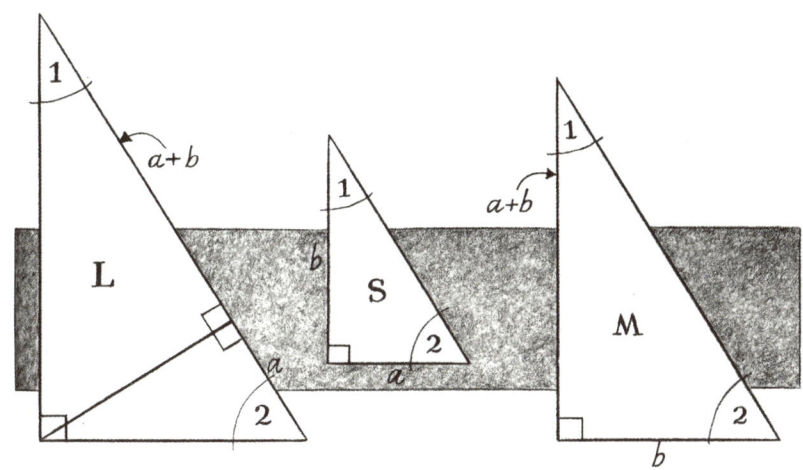

90도임을 알고 있습니다. 그러니 남은 두 각은 각각 크기가 똑같을 것입니다. 따라서 세 직각삼각형은 각의 크기가 같으므로…이름이 뭔가, 젊은이?…여기 메노 군이 말했듯이 닮은꼴입니다. 메노 군이 문제를 풀었습니다."

메노는 에우독소스에게 물었습니다. "하지만 선생님, 세 직각 삼각형이 닮은꼴임을 아는 것이 우리에게 무슨 쓸모가 있습니까?"

"무슨 쓸모가 있느냐고?" 에우독소스가 웃으며 말했습니다. "이 그림을 다시 보면, 기하학 수치인 a와 b를 이어 주는 아름다운 비례가 보일 것입니다." 그는 모래에 그려진 모든 그림을 연달아 재빨리 가리켰습니다.

"마지막 그림의 수치를 잘 보이는 두 닮은꼴 삼각형, 그러니까 작은 삼각형과 중간 삼각형에 적용해 봅시다. 직각삼각형이 닮은꼴이면, 대응하는 변에 일정한 비례가 있다는 사실을 알 것입니다. 따라서
작은 삼각형의 짧은 변과 작은 삼각형의 긴 변의 관계는
중간 삼각형의 짧은 변과 중간 삼각형의 긴 변의 관계와 같다.
다시 말해 a와 b의 관계는 b와 a+b의 관계와 같다.
이것이 여기의 비례입니다! 직선에서 이 비례를 볼 수 있다면 이것이 얼마나 아름다운지 보일 것입니다.

$a : b = b : (a+b)$

즉 짧은 선분과 긴 선분의 관계는 긴 선분과 직선 전체의 관계 와 같습니다!"

에우독소스가 말을 마치자 학생들이 한 목소리로 환호를 했

고, 플라톤 역시 함께 환호를 한 후 짧은 연설을 했습니다. "여러분은 이제 막 아름다운 논증을 보았습니다. 이것은 기하학 역사상 가장 독창적인 것이었습니다. 이 비례는 이 결과를 얻게 해준 처음의 문제보다 훨씬 중요한 것입니다. 그러니 여러분 모두가 다음 과제로 이 작도를 복습하기 바랍니다."

플라톤은 말을 이었습니다. "반원에 내접하는 정사각형을 그리면 직선으로 무척 놀라운 결과를 얻을 수 있습니다. 그 직선을 길이가 다르게 둘로 나누면, 짧은 선분과 긴 선분의 비례가 긴 선분과 직선 전체의 비례와 같다는 결과가 나옵니다. 이 비례가 무슨 의미인지 알고 있습니까? 직선을 기하학적인 황금비로 나눈 것입니다. 선을 이렇게 분할한 것은 무척 중요한 작업이므로 이제부터 그것을 '그 분할THE SECTION'이라고 부르겠습니다."

플라톤은 그날 밤 에우독소스를 위해 잔치를 열었고(역사에 기록된 잔치이지요.), 에우독소스의 입을 통해 발견의 나머지 이야기를 들었습니다. 우리는 이 저녁 식사에 합류하기 전에, 잠시 숨을 돌리며 '그 분할'의 중요성을 음미해 봅시다. 플라톤은 자신의 글에서 이 비례를 늘 그렇게 불렀답니다. 하지만 후대의 작가들은 이것을 '황금 분할'이나 '황금비'라고 불렀습니다.

황금비의 명성이 지속된 이유는 비례 자체의 순수한 아름다움은 물론이고 건축과 예술에 활용되었기 때문입니다. $\sqrt{5}$와 황금 분할 직사각형은 그리스 건물에 자주 쓰였습니다. 이후의 학자들은 그리스의 언덕이나 전 세계 박물관에서 찾아볼 수 있는 고전적 형

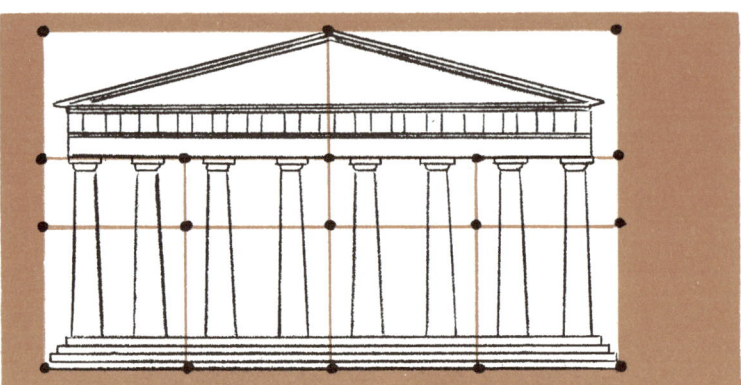

파르테논의 정면은 정사각형 4개 위에
황금비에 따른 직사각형 큰 것 2개와
작은 것 4개를 올린 형태로 설계되었다.

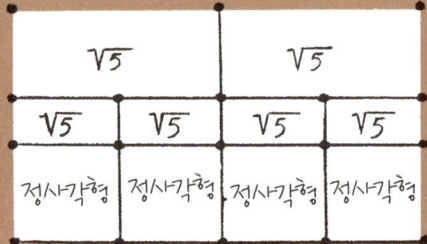

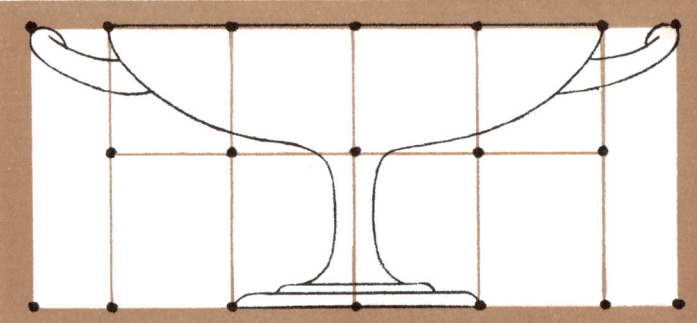

'카일릭스'라고 불리는 이 그리스
도기는 액체를 담는데 쓰였고,
황금비를 이용해 만들어졌다.
우묵하게 들어가는 도기 가운데
부분은 가로로 나란히 배치된 네
정사각형의 길이의 비와 일치한다.

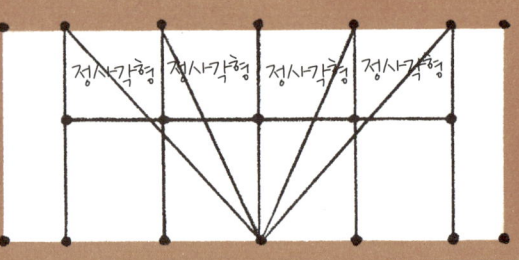

태의 아름다운 꽃병과 동상들이 바로 이 비례에 근거하고 있다는 사실을 발견했습니다. 그리고 조각가들과 화가들은 옛날부터 오늘날에 이르기까지 꾸준히 황금비를 이용해 작품을 만들고 있답니다.

황금비는 우리의 몸에서도 찾을 수 있습니다. 여러분의 손과 손가락, 팔뚝의 길이만 봐도 그 사실을 알 수 있지요. 여러분의 손가락 첫 번째 마디의 길이와 다음 두 마디의 길이가 이루는 비례는 그 두 마디의 길이와 손가락 전체의 길이가 이루는 비례와 같습니다. 또 가운데 손가락의 길이와 손바닥의 길이가 이루는 비례는 손바닥의 길이와 손 전체의 길이 사이의 비례와 같으며, 손의 길이와 팔뚝의 길이가 이루는 비례는 팔뚝의 길이와 손가락 끝에서 팔꿈치까지의 전체 길이가 이루는 비례와 같습니다.

전문가들은 신체의 더 많은 부분을 측정해서 이 비례가 인간의 골격 전체를 관통한다는 사실을 발견했습니다. 물론 정확한 수

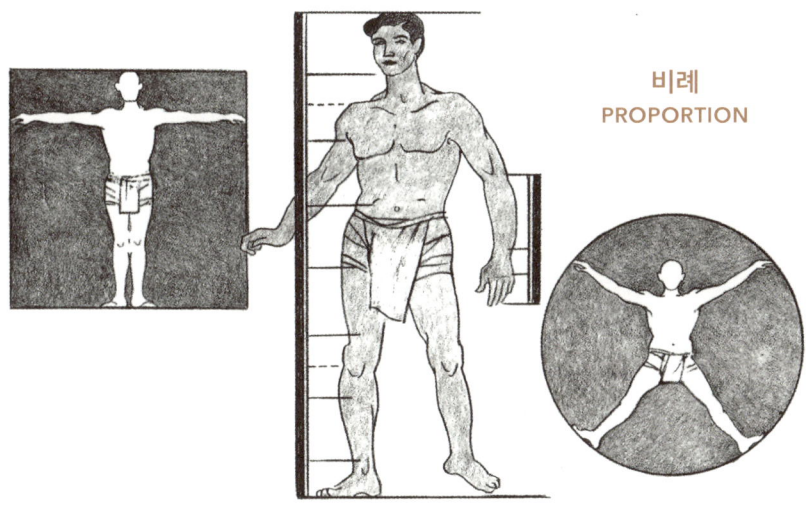

비례
PROPORTION

치가 아니라 일종의 이상적인 비례나 아름다움의 표준으로서 말이지요. 이런 이유로 황금비는 수백 년 동안 위대한 예술가들을 매혹시켰습니다. 예를 들어 레오나르도 다 빈치는 황금 분할을 '성스러운 분할'이라고 불렀답니다.

그러나 플라톤 시대에, 기하학에 황금비를 즉시 적용한 것은 더더욱 놀라운 일이었습니다. 황금비는 사실 오각형과 오각형 면이 12개인 정십이면체의 기하학적 구성에 열쇠가 되는 것이었습니다. 전처럼 손으로 그림을 그리거나 건물을 세울 때 뿐만 아니라 끈과 직선 자로 완벽한 구조물을 만들 때도 마찬가지였지요. 황금비를 활용하기만 하면 오각형 같은 도형들과 다른 아름다운 형태들을 쉽게 그릴 수 있습니다.

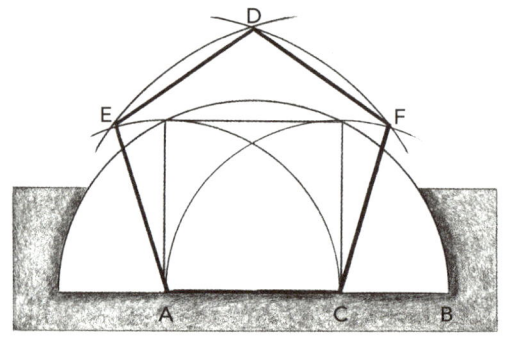

A와 C를 각각 중심점으로 삼고 선분 AB를 반지름으로 하는 두 호가 교차하는 지점을 D라고 하자. 또 선분 AC를 반지름으로 하는 호를 각각 A점과 C점에서 그렸을 때, 그 두 호가 앞서 그린 호(D에서 교차하는 호)와 만나는 지점을 각각 E와 F라고 하자. 이때 선분 AC, CF, FD, DE, EA를 이으면 오각형이 되고 선분 AF, EC, DA, DC, EF를 이으면 별 모양이 나타난다.

"그러나 이 분할에서 가장 중요한 것은 말입니다." 플라톤과 저녁 식사를 하던 에우독소스는 말했습니다. "그것이 자극하는 '사고의 종류'입니다. '그 분할'에서, 직사각형의 가로 길이가 무리수이지만 '기하학적'으로 계산한 탓에 조금도 어렵지 않습니다. 그래서 저는 비례의 새로운 개념을 열심히 연구해 왔습니다. 무리수를 포함한 수의 개념과 길이의 개념을 확장하면, 모든 선에 적용되는 공리(너무도 당연하고 명확한 진리—옮긴이)를 찾게 될 것입니다."

물론 이것은 가상의 대화지만, 에우독소스는 그 시대의 가장 위대한 수학자였고 황금 분할 정리는 그가 이룩한 가장 놀라운 업적이었습니다. 우리는 지금까지 '시적 자유'를 사용해, 그가 아테네를 재방문했던 실제 사건을 바탕으로 올리브 숲에서 황금비를 증명하도록 연출해 보았습니다. 그리하여 여러분은 황금비가 그리스 황금기에 눈부신 역할을 했음을 직접 볼 수 있었습니다. 그리고 플라톤의 아카데메이아에서 에우독소스와 다른 이들이, 앞으로 더욱 눈부신 발전을 이룩하게 될 기하학을 어떻게 해방시켰는지도 함께 보았지요. 앞으로는 어떤 일들이 펼쳐질까요?

기하학에
왕도는 있었다

기원전 4세기에 그리스 기하학은 굴레를 벗어나 어마어마한 발견을 하기 시작했습니다. 그리고 그리스 문화 역시 그리스 본토를 벗어나 지중해 동부 대부분의 지역으로 널리 퍼졌습니다. 이 두 발전은 모두 알렉산드로스 대왕이라는 인물과 관련이 있었습니다.

　플라톤의 시대가 끝나고, 교사들과 아카데메이아 졸업생들은 스스로 학교를 설립했습니다. 특히 플라톤의 동료이자 위대한 철학자인 아리스토텔레스는 아테네에 리케이온을 세우고 인간의 지식을 체계적으로 분류하기 시작했습니다. 그리고 아리스토텔레스의 가장 유명한 제자이자, 전사이며 왕인 마케도니아의 알렉산드로스 대왕은 세계를 정복하려 했지요.

알렉산드로스는 13년 동안 그리스 너머와 이오니아, 페니키아, 이집트, 광대한 페르시아 영토를 정복하고 먼 인도까지 침략했습니다. 그러다 알렉산드로스가 죽자 그의 제국은 무너졌습니다. 그러나 그때는 이미 알렉산드로스가 광활한 땅 곳곳에 그리스 도시를 세우고 그리스 문명의 씨앗을 심어둔 후였습니다. 그 씨앗은 그리스어와 그리스 예술, 그리고 그리스 수학이었지요. 수학자들은 알렉산드로스의 군대와 함께 여행을 다녔다고 합니다.

또 알렉산드로스가 기하학 공부를 얼마나 열심히 했는지 알려 주는 일화도 있답니다. 플라톤, 에우독소스와 함께 공부를 했었던 메나에크무스가 알렉산드로스에게 기하학 증명을 가르치는 중이었다고 합니다. 공부를 하던 알렉산드로스가 말했습니다. "스승님, 제 왕국에는 매끄럽게 닦은 왕도, 그러니까 왕을 위한 지름길이 있습니다. 저를 위해 이 과제를 더 쉽게 만들어 주실 수는 없습니까?" 그러자 메나에크무스는 이제는 너무도 유명해진 대답을 했습니다. "폐하, 기하학에 왕도는 없습니다." 그러나 결국 왕도는 있었

습니다. 그리고 메나에크무스 이전과 이후의 수많은 기하학자들이 왕도를 개발하기 위해 엄청난 노력을 기울였습니다.

기원전 5세기와 4세기 동안, 기하학자들은 기계적 작업이 아닌 추상적 사고가 귀족의 참된 임무라는 그리스식 믿음을 가지고 있었습니다. 그래서 그들은 생각을 실제로 적용하는 데는 무관심했고, 기존의 증명을 매끄럽게 다듬고 새로운 증명을 더 많이 찾아내는 데 헌신했습니다. 이런 사상가들을 예를 들어 보면, 플라톤 이전 사람들 중에는 플라톤에게 기하학을 가르친 타렌툼의 아르키타스, 모든 법칙을 통합하려 했던 키오스의 히포크라테스, 그리고 무리수를 많이 발견한 키레네의 테오도루스가 있고요. 플라톤 시대에는 아테네의 테아에테투스와 크니도스의 에우독소스가 있습니다. 그리고 리케이온과 플라톤 이후의 아카데메이아에서, 더욱 많은 이들이 정의와 가정을 가다듬고 새로운 추상적 발견을 하려고 노력했는데, 그중에는 알렉산드로스의 스승이었던 메나에크무스도 있었습니다.

그러나 알렉산드로스 대왕이 소아시아를 정복한 이후, 실용적인 것을 배척하던 금기가 깨졌습니다. 알렉산드로스의 후계자들이 다스리는 헬레니즘 세계, 즉 그리스 문화의 영향을 받은 나라들에서는 새로운 분위기가 만연했습니다. 세계 무역이 활발해졌고, 항해술이 향상되었으며, 개선된 농작법이 널리 퍼졌습니다. 그리고 수학자들은 실제적인 문제로 관심을 돌렸습니다. 그리하여 그들은 물시계, 관개시설, 배를 처음 띄울 때 쓰는 톱니바퀴, 각종 도르래와 기어를 만들었습니다.

이 시기의 가장 걸출한 수학자는 기계 분야의 귀재이기도 했던 시라쿠사 출신의 아르키메데스입니다. 그의 수많은 발명품 중에는 '아르키메데스의 나선식 펌프'라는 것이 있는데, 이것은 물이 새어 들어온 배에서 물을 퍼 올리거나 침수된 광산의 물을 빼낼 때 쓰는 장치였습니다.

그는 지레의 원리에도 풍부한 지식을 가지고 있었습니다. 그는 지렛대의 원리를 이용하면 아무리 무거운 물건이라도 충분히 옮길 수 있다고 주장하면서 이렇게 말했다고 합니다. "나에게 충분히 긴 지렛대와 받침점을 주면 지구를 움직여 보겠다."

그러나 아르키메데스의 가장 엄청난 업적은 시라쿠사와 로마가 전쟁을 했을 때, 시라쿠사를 방어하고자 만든 발명품에서 찾을 수 있습니다. 아르키메데스는 시라쿠사 왕인 히에론 2세의 궁정에

소속되어 있었습니다. 그런데 시라쿠사는 풍요롭고 아름다운 도시였기 때문에 로마의 장군 마르켈루스가 호시탐탐 노렸고, 결국 그는 로마 함대를 이끌고 시라쿠사를 공격했습니다. 하지만 그때마다 아르키메데스가 만든 기발한 기계들이 로마 군의 공격을 물리쳤습니다. 아르키메데스가 만든 투석기는 불덩이 돌을 퍼부어 성벽 뒤에 있는 로마의 선박들을 불태웠고, 지레와 도르래가 조종하는 커다란 집게발은 로마 선박의 뱃머리를 꽉 잡고 공중으로 들어 올린 후 바다로 내던졌습니다. 또 한 번은 엄청나게 큰 거울로 햇빛을 한 곳에 모아 로마 함대에 집중 반사하여 배에 불을 질렀습니다. 로마 군사들은 시라쿠스를 공격하러 갈 때마다 "안 돼! 이번에는!"하고 소리치곤 했습니다. 그리고 로마의 장군 마르켈루스 역시 아르키메데스를 "팔이 100개 달린 기하학 거인"이라고 부르곤 했지요.

아르키메데스가 발명한 많은 기계들은 그토록 오래전에도 전쟁과 평화에서 과학이 얼마나 중요한지를 증명해 주었습니다. 그러나 그는 순수 수학에서, 무엇보다 중요하고 앞으로의 역사에 지대한 영향을 미칠 일을 해냈습니다.

아르키메데스와 알렉산드리아의 다른 기하학자들은 선배들 못지않게 추상적인 사고에 몰두했습니다. 황금기에서 플라톤 시대를 거쳐 헬레니즘 시대에 이르기까지, 그리스 기하학자들은 풀리지 않는 3가지 문제에 대해 열중했습니다. 그것은 바로 '3대 작도 불능 문제'였습니다. 오직 직선 자와 끈만으로 다음 3가지 도형을 그리는 문제였지요.

1. 주어진 원과 같은 넓이를 가지는 정사각형 그리기
2. 주어진 각을 삼등분하기
3. 주어진 정육면체보다 부피가 2배인 정육면체 그리기

이 중 정육면체 수수께끼의 기원에 얽힌 기이한 이야기가 있습니다. 전설에 따르면, 기원전 430년에 역병이 돌아 아테네를 황폐화시키자 시민들은 델로스의 아폴로 신탁에 도움을 청했다고 합니다. 그러자 신탁은 "정육면체인 아폴로 제단 모양은 바꾸지 않되 부피만 2배로 만든다면 역병이 멈출 것"이라고 이야기했다고 합니다.

역사가들은 이 이야기가 진짜라고는 생각하지 않습니다. 오히려 3대 작도 불능 문제가 사실은 쓸모없는 문제라는 것을 숨기기 위해 나중에 지어낸 이야기라고 믿고 있습니다. 그러나 쓸모없어 보이는 문제에 골몰하는 것이 수학자들의 과업일 때가 많았고, 그런 과업을 관심과 인내와 끈기로 추구하다 보면 무척 쓸모 있는 결과가 나왔습니다. 쓸모없는 문제에서 쓸모 있는 결과가 나온 이야기를 쓰

원

타원

포물선

쌍곡선

려면 책 한 권도 모자랄 것입니다.

3대 작도 불능 문제는 쓸모없을 뿐 아니라 끈과 직선 자로는 도저히 불가능한 작도였습니다. 이 문제가 확실히 풀린 것은 2000년도 더 지난 후의 일이랍니다.

이렇게 기원전 5세기부터 3세기까지, 수많은 기하학자들이 이 3가지 수수께끼를 풀려고 노력했지만 풀 수가 없었습니다. 하지만 이 문제들을 풀고자 하는 노력은, 법칙을 깨뜨린 새로운 곡선들을 발견하는 결과를 낳았습니다.

메나에크무스는 정육면체의 부피를 2배로 만드는 문제로 씨름하면서, 원뿔을 평면으로 잘라보자는 생각을 했습니다. 그가 잘라낸 부분들은 획기적인 발견이 되었고, 나중에 아르키메데스는 그것들을 직접 연구했습니다.

메나에크무스가 잘라낸 부분들은 새로운 세 곡선의 형태를 띠었는데 그것은 바로 타원, 포물선, 쌍곡선이었습니다. 당시에 쓴 그리스어 명칭이 오늘날까지도 사용되며, 세 곡선 모두 원뿔을 자를 때 생긴 단면의 모양이기 때문에 이것들을 통칭해 '원뿔 곡선'이라고 부른답니다.

여러분이 직접 원뿔을 잘라보면, 이런 곡선을 두 눈으로 볼 수 있을 것입니다. 평범한 아이스크림콘을 준비하세요. 진짜 아이스크림콘이면 자를 때 부서질 테니 모양만 비슷한 것으로 준비하세요. 그리고 꼭짓점을 위로 놓으세요. 이것은 '직원뿔'입니다. 원뿔을 밑면과 나란히 자르면, 원 모양이 나올 것입니다. 또 비스듬하게 자르

면, 타원이 보일 것입니다. 이제, 경사진 원뿔 바깥쪽(모선—옮긴이)
과 평행하게 원뿔의 한쪽을 자르면, 포물선이 생길 것입니다. 마지
막으로, 두 원뿔의 꼭짓점을 맞대고 축과 평행하게 자르면 양쪽에
쌍곡선이 생깁니다. 원뿔의 옆면이 끝없이 확장된다고 상상하면, 두
팔을 벌리고 무한히 뻗어 나가는 포물선과 쌍곡선이 떠오를 것입니
다. 타원과 포물선과 쌍곡선, 이 세 곡선은 수학적 수수께끼가 낳은
놀라운 결과의 좋은 예입니다.

　　　다음 세기에, 원뿔 곡선은 아르키메데스와 아폴로니오스를 비
롯한 다른 학자들의 연구 대상이 되었습니다. 이것은 주로 기하학

에 대한 순수한 관심에서 비롯된 연구였지요. 그러나 원뿔 곡선이 정말 무엇인가에 대해 알려지기까지는 2000년이라는 시간이 걸렸습니다. 그것은 하늘에서든 땅에서든, 모든 물체의 이동 경로였지요.

17세기가 되어서야 위대한 천문학자 케플러가 "태양 주위를 도는 모든 행성은 타원 궤도 운동을 한다"라는 유명한 법칙을 발견했습니다. 같은 세기에 갈릴레오는 포탄이나 공중에 쏘아 올린 다른 무기들이 포물선을 그리며 움직인다는 사실을 증명했습니다. 그로부터 한 세기가 지나기 전에, 뉴턴은 보편적인 운동 법칙과 그 위대한 만유인력의 법칙을 발견했습니다. 뉴턴은 아폴로니오스의《원

뿔 곡선론》을 완전히 이해했고, 그 책이 없었다면 그가 현대 천문학과 물리학의 기본 법칙들을 공식화할 수 없었을 것입니다.

아르키메데스가 원뿔 곡선을 연구한 이후 오랜 시간이 흐른 오늘날, 여러분은 수많은 곳에서 원뿔 곡선을 볼 수 있을 것입니다. 이것은 과학과 산업에서 셀 수 없이 많이 쓰이고 있기 때문입니다.

여러분이 공을 던지면 그것은 포물선을 그리며 날아갑니다. 분수에서 물이 솟아나오면 그것은 다시 아래로 떨어지면서 포물선을 그립니다. 우주 비행사 셰퍼드가 우주로 여행을 갔다가 돌아온 길은 포물선이었습니다. 그리고 이 곡선은 독특한 특징이 있기 때문에 빛과 음파를 반사하는 데 귀중하게 쓰입니다. 그래서 포물선 반사기가 탐조등과 손전등, 자동차 전조등, 레이더 안테나, 전파 망원경에 쓰입니다.

평평한 땅에 수직으로 세운 물체의 그림자 끝이 태양의 위치에 따라 1년 동안 움직이는 경로를 그리면 쌍곡선이 나타나는데 이 쌍곡선은 포물선처럼 우리 생활에 놀랍게 응용됩니다. 이 곡선은 레이더와 비슷한 체계인 로란(장거리 무선 항법 시스템), 즉 조종사가 날씨에 상관없이 경로를 설정하고 유지하게 해주는 항법 체계에 쓰입니다. 조종사는 무선 신호와 로란의 '위치선'인 쌍곡선이 그려진 지도를 이용합니다.

이렇게 메나에크무스가 '쓸모없는' 수수께끼에서 발견한 원뿔 곡선은 후세의 과학과 산업에서 어마어마할 만큼 '쓸모가 있다'는 것이 입증되었습니다. 알렉산드리아 기하학자들의 실용적인 대업적도 마찬가지이지요.

지레와 부체(부력으로 액체 가운데 떠 있는 물체−옮긴이)에 관한 아르키메데스의 연구는 역학의 시초였습니다. 그리고 곡선 도형의 면적과 부피를 측정하는 그의 방식은 뉴턴의 미적분학의 전신이었습니다. 사실 헬레니즘 시대의 이론 수학이나 응용 수학은 현대 정밀과학의 기초를 놓은 뉴턴이 거대한 업적을 낳을 수 있는 길을 닦아 주었습니다. 뉴턴이 "내가 거인들 어깨 위에 서지 못했다면 여기까지 올 수 없었을 것이다"라고 말했듯이 말이지요.

결국 기하학에 왕도가 없다던 메나에크무스의 말은 어느 정도는 틀렸다고 볼 수 있습니다. 그리스 기하학의 거인들은 2000년 후에 다른 이들이 뒤따라 밟게 될 왕도를 만들었으니까요.

그림자로 지구 둘레를 구할 수 있다고?

고대 기하학에 관한 우리의 이야기는 기원전 3세기가 시작되면서부터 절정에 이릅니다. 당시 어느 유명한 기하학자가 역사상 가장 많이 팔린 수학 교본에 기하학 '이론'을 총 정리했고, 얼마 지나지 않아 다른 기하학자가 환상적인 '실용적' 위업을 이루었기 때문입니다. 이 기하학자는 그림자를 이용해 피라미드뿐만 아니라 둥근 지구 전체의 둘레를 측정했습니다. 이 두 사건은 그리스의 새 수도인 이집트 나일 강 유역의 알렉산드리아에서 일어났습니다.

알렉산드로스 대왕이 세우고, 그의 이름을 본 딴 알렉산드리아는 고대 세계의 선도적인 대도시로 자리 잡았습니다. 그 무렵 알렉산드리아는 무척 번성한 도시로, 상업이 발달하여 수많은 사람

186

들이 몰려들었고, 지중해 전체에서 가장 중요한 항구 도시였습니다. 또 세계 주요 사상들의 교환소이기도 했지요. 이 화려한 국제도시 에는 당대 가장 뛰어난 학자들과 과학자들이 모여들었습니다. 많은 나라에서 온 석학들은 헬레니즘 시대의 학문 연구 중심지인 '무세 이온'에서 문헌학·수학·물리학·천문학 등을 연구했습니다. 이곳 에서 축적된 지식은 두루마리로 만든 약 100만 권의 책에 담겨 알 렉산드리아 도서관에 보관되었습니다.

도서관의 사서는 에라토스테네스라는 그리스인이었습니다. 그 는 수학자이자 역사 전문가이자 천문학자이자 시인이었지요. 에라 토스테네스는 기원전 250년경, 당시로서는 거의 믿기지 않는 일을 해냈답니다. 지구 둘레를 잰 것이지요.

어느 날 여름, 연구여행을 하던 에라토스테네스가 나일 강을 거슬러 올라가는데 지구 둘레를 잴 수 있는 아이디어가 번뜩 떠올 랐습니다. 그는 1년 중 낮의 길이가 가장 긴 하짓날 정오의 태양이, 알렉산드리아에서 5000스타디아 떨어진 도시인 시에네의 우물을

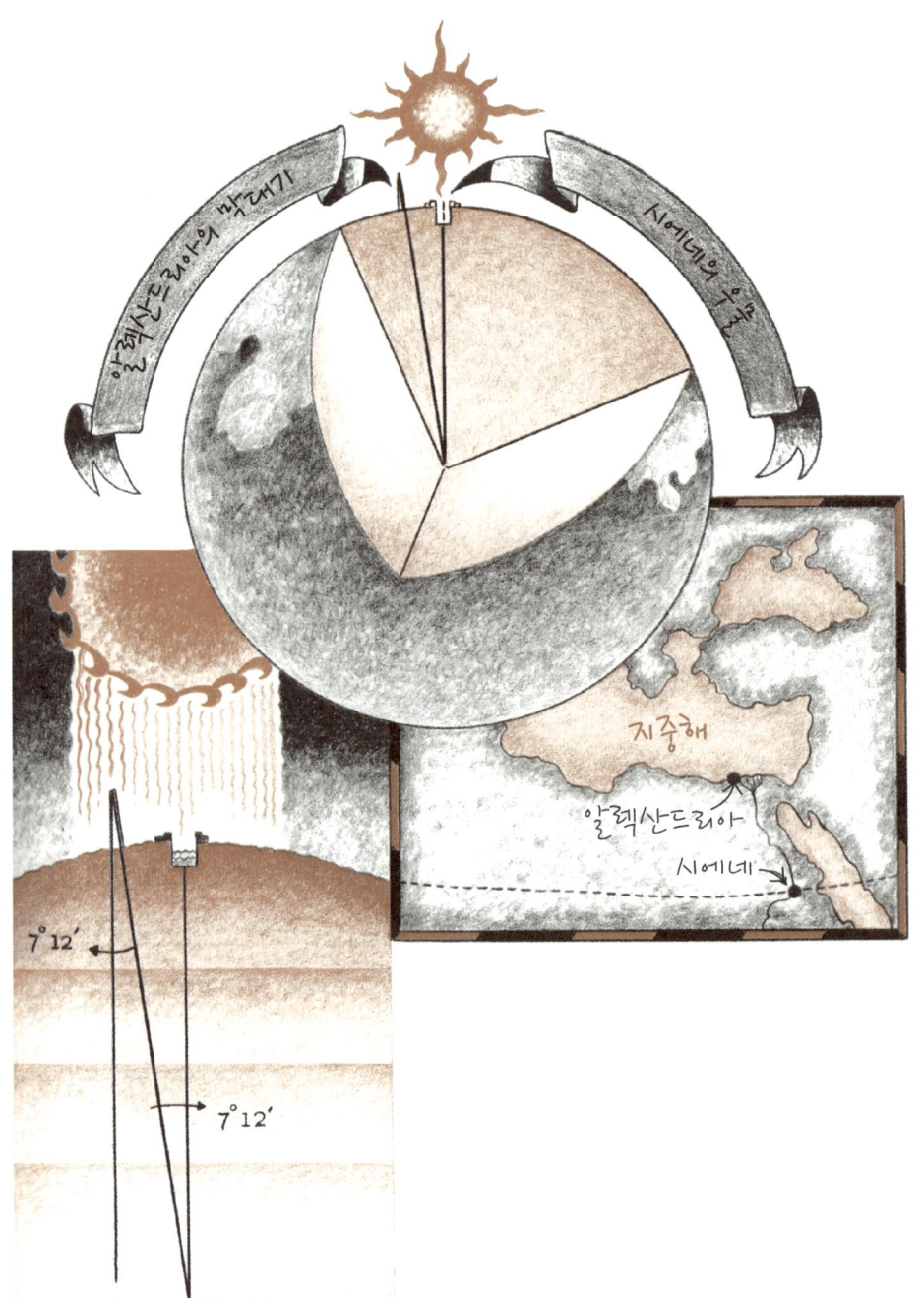

알렉산드리아 막대기

시에네의 우물

지중해

알렉산드리아

시에네

7° 12′

7° 12′

수직으로 비춘다는 것을 깨달았습니다. 이때는 막대기를 수직으로 세워도 그림자가 생기지 않았지요. 에라토스테네스는 이 사실을 통해 이때 태양의 고도가 90도가 된다는 것을 알게 되었습니다. 오늘날 우리는 이곳을 북회귀선(북위 23도 27분의 위도를 연결한 선. 춘분에 적도에 있던 해가 점점 북으로 올라가 하지에 이 선을 통과하고, 다시 남으로 내려간다. 하지에 태양이 남중하였을 때 고도는 90도가 된다.—옮긴이)이라고 부릅니다.

하지만 같은 시각, 그가 사는 알렉산드리아에서는 그림자가 사라지지 않았습니다. 에라토스테네스는 막대기를 세우고 막대기의 꼭대기에서부터 막대기 그림자 끝까지 끈을 팽팽하게 잡아당긴 후 막대기와 끈이 만드는 각을 쟀습니다. 그것은 7도 12분이었습니다. 이제 지구의 한 부분을 잘라낸 왼쪽의 그림을 보면, 에라토스테네스가 이 각도를 통해 해낸 눈부신 추론을 볼 수 있습니다.

그는 시에네에서는 가상의 선이 햇빛에서부터 우물을 통과해 지구 중심까지 이어지며, 알렉산드리아에서도 역시 가상의 선이 기둥에서부터 지구 중심까지 이어진다고 가정했습니다. 물론 여기에는 햇살이 평행하다는 전제가 있었습니다. 평행선과 다른 한 직선이 만날 때는 엇각의 크기가 서로 같습니다. 이렇게 에라토스테네스는 지구의 중심각을 7도 12분으로 잡았습니다. 이제 지구 둘레를 구하는 것은 너무나도 쉬웠습니다.

7도 12분을 50번 곱하면 360도가 됩니다. (각도에서는 60분이 1도입니다.) 중심각이 7도 12분인 호의 길이가 약 5000스타디아이므로, 지구 전체의 둘레는 거기에 50을 곱한 25만 스타디아일 것입니다. 5000스타디아는 현재의 미터법으로 따지면 약 925킬로미터 정도로, 925킬로미터에 50을 곱하면 지구 전체 둘레는 약 4만 6250킬로미터라는 값이 나옵니다. 이 값은 후세에 측정한 실제 지구의 둘레 값인 4만 120킬로미터와 매우 비슷한 값입니다.

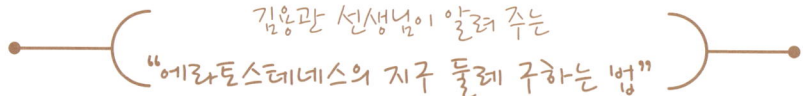

김용관 선생님이 알려 주는
"에라토스테네스의 지구 둘레 구하는 법"

에라토스테네스의 지구 둘레 구하는 법을 잘 모르겠다고요? 아무래도 이야기 형식으로 풀어 있다 보니 멍쾌하게 정리가 안 될 수도 있겠네요. 선생님이 도와줄게요.

에라토스테네스의 지구 둘레 구하는 법에는 두 가지 조건이 전제되어 있습니다. 지구는 둥글고, 빛은 평행하게 비친다는 겁니다. 이 조건에 부채꼴과 원의 비례 관계를 이용하면 됩니다.

부채꼴의 호의 길이는 그 중심각의 크기에 비례합니다. 중심각이 커지는 비율만큼 호의 길이도 따라서 커집니다. 중심각이 3배가 되면 호의 길이도 3배가 되죠. 그런 식으로 원이 중심각의 몇 배인지만 알면 원의 둘레도 쉽게 알 수 있습니다. 부채꼴의 호의 길이에 원의 중심각의 몇 배인지를 그대로 곱하면 되지요.

문제는 어떻게 중심각과 호의 길이를 측정하느냐 하는 것이었습니다. 지구 중심으로 들어가서 중심각을 측정한다는 것은 불가능한 일이었습니다. 에라토스테네스는 간접적인 측량을 통해 중심각을 알아내는 아이디어를 떠올렸습니다. 태양 빛에 의해 생기는 그림자의 각도가 중심각이 될 수 있는 경우를 생각한 것입니다. 빛이 바로 머리 위에 있을 경우 그 빛은 지구의 중심을 향하게 되고, 그때 다른 지방에서의 그림자 각도는 곧 중심각이 됩니다. 평행선에서 동위각의 관계에 있기 때문입니다. 에라토스테네스는 하짓날 시에네에서 그런 일이 일어남을 알고, 시에네와

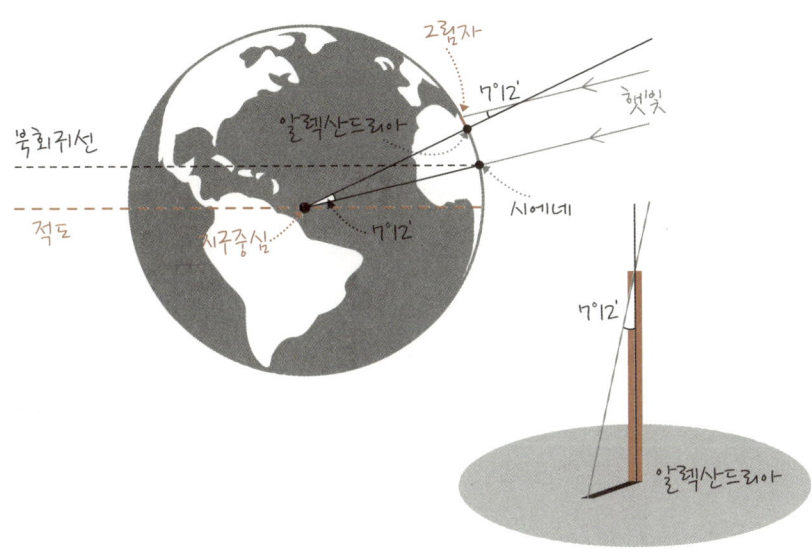

알렉산드리아 두 곳을 택해 실험을 한 것입니다.

　　그는 알렉산드리아에서 그림자를 이용하여 중심각을 알아냈습니다. 중심각
은 7도 12분이었습니다. 그리고 그는 이에 해당하는 호의 길이, 즉 시에네에서 알렉
산드리아까지의 거리(5000스타디아)를 측정했습니다. 그 다음, 원이 중심각의 몇 배
(360도 ÷ 7도 12분 = 50배)인지를 계산했습니다. 그리고는 부채꼴의 호의 길이에 50
배를 곱해서(5000스타디아 × 50배) 지구의 둘레를 구했습니다. 참 얄밉도록 똑똑한
방법이죠?

　　에라토스테네스의 측정은 고대에서 가장 정확한 것이었고, 고
대 실용 기술로서의 기하학이나 지구 측량에 있어 절정을 이룬 업
적이었습니다. 그러나 동시대 사람들은 그를 기하학의 2인자라고
생각했습니다. 같은 시기에 알렉산드리아에는 그 어떤 수학자보다
도 널리 이름이 알려진 다른 기하학자가 살고 있었기 때문입니다.

그 사람은 바로 유클리드였습니다. 그의 명작 《원론》은 그가 살아 있는 동안 전 세계적으로 유명해졌고, 오늘날에도 역시 그때만큼 유명합니다. 유클리드가 《원론》을 쓴 지 2000년도 더 지났지만 학생들은 이 책을 통해 초등 기하학을 공부하고 있기 때문입니다.《원론》은 오늘날 여러분이 보는 기하학 책의 기초가 되었습니다.

유클리드의 삶에 대해서는 알려진 것이 거의 없습니다. 그러나 우리는 그가 정확성, 상상력, 굳센 결단력, 그리고 무엇보다도 논리적인 사고를 갖추고 있었기에 그때까지 기하학이 달성한 모든 것을 모으고 체계화했음을 추측할 수 있습니다. 물론 그 이전에 다른 이들 또한 같은 시도를 했습니다. 그러나 주제 전체를 완벽하고 정연하게 정리한 사람은 유클리드였습니다.

알렉산드리아의 유클리드가 쓴 《원론》은 단순한 수학 교과서를 훨씬 뛰어넘는 것이었습니다. 그것은 예술품이기도 했습니다. 수학이라는 퍼즐의 조각조각으로 선명하고 아름다운 그림을 창조한 것입니다. 우리는 이전에 예술에 담긴 수학에 관해 이야기했었습니다. 그러나 《원론》은 우리에게 그 반대, 즉 수학 책에 담긴 예술을 보여 줍니다. 마치 탈레스와 피타고라스가 자연에서 거대한 대리석 조각들을 캐내고, 그 후 수백 년에 걸쳐 수많은 이들이 조각 하나하나를 매만지고 윤을 내다가 마침내 유클리드가 그 모든 것을 그리스 신전처럼 아름답고 단순하고 완벽한 구조물로 조립한 것만 같습니다.

게다가 《원론》은 한 시대의 역사를 이야기해 줍니다. 유클리드

는 이 책을 만들면서 지난 세기의 업적들을 세심하게 모으고 합치고 전했습니다. 그의 책에는 고전기 그리스 거장들의 가장 중요한 발견 대부분이 포함되어 있습니다. 아름답고 유용한 정의와 정리가 담긴, 사람들에게 꼭 필요한 모음집이 탄생한 것입니다. 그러나 그 배열은 내용을 훨씬 뛰어넘었습니다.

유클리드의 《원론》은 시작부터 끝까지 철저한 연역적 추리로 결합되었습니다. 널리 공인된 공리에서 시작해, 가장 진보적인 증명으로 한 단계씩 진행한 것입니다. 아마 인간이 만든 것 중에서, 이 책만큼 추론만으로 그토록 방대한 지식을 얻어낼 수 있다는 사실을 보여 준 것은 없을 것입니다. 그래서 그의 책은 대대로, 수학자들은 물론이고 철학자·신학자·논리학자·법률가·정치가들이 논리적 사고를 훈련하는 데 쓰였습니다. 영역을 불문하고, 진리를 찾는 이들은 모두 이 책의 형식과 과정을 연구하고 모방했지요.

그러나 이것은 유클리드의 독창적인 업적 중에서 가장 인상적인 일부일 뿐입니다. 그는 《원론》을 써서 모든 것을 오래 지속될 논리적 형태로 총망라함으로써, 그리스 기하학의 거의 모든 것을 후세에 온전히 전달했습니다.

유클리드가 쓴 불후의 명작 《원론》에 대한 이야기를 끝으로 고대의 기하학 이야기를 마무리하겠습니다. 이 이야기는 원시 시대 사냥꾼들에서부터 알렉산드리아 대학의 학자들까지 수많은 사람들을 만나게 해주었습니다. 우리는 고대인들이, 고대의 실용 기술을 이용하다가 점점 시간과 방향을 파악하는 법을 배우는 모습, 밭을 배치하고 관개수로를 파는 모습, 집과 신전과 무덤을 설계하고 꾸미며, 태양과 달과 행성의 이동 경로를 기록하는 모습을 보았습니다. 우리는 상인인 탈레스가 최초로 추상적인 법칙들을 찾아내고, 피타고라스학파가 이런 법칙을 발전시키고, 도형을 연구하고, 기하학과 수의 관계를 알아내는 모습을 지켜보았습니다. 마지막으로 후대의 그리스 기하학자들이 황금기의 철학과 예술에 영향을 미치고, 헬레니즘 시대와 현대의 과학에 기초를 놓는 모습도 보았습니다. 처음부터 끝까지, 이 과정은 인간 정신의 위대한 모험이었습니다. 그리고 석기 시대 사람들에서부터 에라토스테네스와 유클리드까지, 이들이 발견한 모든 것은 끈과 직선 자와 그림자만으로 이루어진 것이었습니다. ◉

수학을 흔히 추상적인 학문이라고 합니다. 1, 2, 3을 생각해 보면 됩니다. 1, 2, 3은 1개, 2개, 3개가 아닙니다. 수많은 종류의 1개와 2개, 3개로부터 독립하여 추상화된 기호입니다. 이런 특성 때문에 사람들은 수학을 어려워합니다. 1개, 2개처럼 일상적으로 만질 수 있는 세계에서 한걸음 더 나아간 사유의 세계이기 때문입니다. 하지만 수학이 처음부터 그랬던 것은 아닙니다. 수학의 출발점은 1개와 2개, 3개로 경험되는 일상적인 현실이었습니다. 그러다 점점 독특한 사유 세계로 나아갔지요.

　기하학은 도형과 공간의 성질을 연구하는 수학의 한 분야입니다. 고도로 추상적이어서 머릿속에서 상상하기가 쉽지 않지요. 그런데 본문에 나온 것처럼 기하학은 영어로 'Geometry', 즉 땅^{Geo}을 측정한다^{metria}는 뜻입니다. '기하학'이라는 단어가 처음 생겼을 때의 기하학은 지금과는 그 분위기가 꽤 달랐습니다. 기하학의 대상은 추상적 기호와 도형이 아닌 '땅'이었고, 기하학은 사유하는 것이 아니라 측정하는 것이었습니다. 여기서 우리는, 기하학이 일상에서 시작되어 지금처럼 변화해 왔다는 것을 눈치챌 수 있습니다. 이렇게 되기까지 오랜 시간이 걸렸고, 수많은 사람들 이마에 구슬 같은 땀방울이 송송 맺혔습니다.

　'수학'이라고 하면 공식과 이론을 떠올리기 쉽습니다. 그러나 이것은 긴 과정의 결과물일 뿐입니다. 그 이전에는 수많은 사유의 부딪침이

있었습니다. 그런 부딪침 속에서 가장 정제되고 단단한 사유가 결과로 남게 됩니다. 그 과정은 드라마틱한 싸움터요 왁자지껄한 토론장이었습니다. 스토리텔링 시대의 수학은 이런 과정에 더 주목해야 합니다. 그래야 새롭고 다채로운 이야기를 만들어 갈 수 있기 때문이지요.

자유롭게 상상하며 읽는 이야기 기하학

저자 줄리아 E. 디긴스는 기하학의 출현 과정을 사실 대신 하나의 이야기로 제시합니다. 그것도 매우 상세한 이야기로 말이지요. 그 양상은 기존의 기하학 책과는 매우 다릅니다. 기존의 책들은 가급적 사실에 기반을 두고 기하학의 모습을 보여 줍니다. 역사·사회적 배경과 맥락을 사실적으로 전하려 하지요. 그러다 보니 상세하고 세밀하며 재미난 투보다는 다소 딱딱하고 간결한 투로 이야기가 흘러갑니다. 그럴 수밖에 없는 이유가 있습니다. 기하학의 시작과 발전 과정을 사실적으로 규명하는 것은 한계가 많기 때문이지요. 사실인지 아닌지 알 수 없기에 조심조심할 수밖에 없습니다.

이 책은 사실이 아닌 이야기를 택했습니다. 그 의도는 명백합니다. 기하학의 탄생과 발전 과정을 충분히 느껴 보자는 겁니다. 사실 여부에 가로막히지 말고 자유롭고 재미있게 기하학 여행을 해보자는 거지요. 저자는 사실은 사실로서 받아들이게 하되, 사실을 넘어선 영역은 상상력을 통해 그럴싸한 이야기로 채워 넣었습니다.

원의 출현에 관한 이야기는 아주 좋은 예입니다. 저자는 우선 정확한 원을 그리는 방법을 발견한 것이 얼마나 대단한 일인가를 강조합니다. 원을 그릴 줄 아는 사람은 이 이야기에 공감하기가 쉽지 않을 겁니다. 하지만 원 그리는 법을 배우지 않은 아이들에게 그것을 그려 보라고 해보세요. 쩔쩔매며 헤매는 아이들을 보면 원을 그리는 게 얼마나 대단한 기술인지 실감하실 겁니다. 이건 사실입니다. 저자는 사실에 상상을 보태어 이 기술이 어떻게 등장했을까를 이야기합니다. 저자는 말뚝에 묶인 동물이 빙빙 돌면서 원을 그렸을지도 모른다고 합니다. 충분히 그럴 법한 이야기지만 대부분의 사람들은 이런 생각을 못해봤을 겁니다. 이런 상상이 가능했던 것은 학생들에게 기하학의 발전 과정을 간접적으로나마 경험하게 해주고 싶었던 저자의 애틋한 마음 때문입니다. 이 책에는 저자의 이런 마음이 담긴 재미난 이야기로 가득합니다.

끈, 자, 그림자 : 기하학이 명쾌해지는 마법의 도구들

이 책의 독특한 점은 하나 더 있습니다. 저자는 기하학의 탄생과 발전 과정을 기하학을 형성한 도구에 주목하여 그립니다. 끈, 자, 그림자로 이야기를 써내려간 것이지요. 이런 접근은 매우 유용할 뿐만 아니라 탁월합니다. 보통 '기하학'이라고 하면 말 자체도 어렵고, 그 이미지가 쉽게 잡히지도 않습니다. 그래서 무엇을 하는 학문인가를 설명하기가 참 어렵지요. 하지만 이 3가지 도구를 이해하고 나면 기하학이 선명하게 다가옵니다. 3가지 도구를 써서 세상을 그리고 설명한 사유의 언어, 이것이 기하학입니다.

　　끈은 원을 그리는 컴퍼스입니다. 길이를 측정할 때도 쓸 수 있지만 원을 그릴 수 있다는 점에서 그렇습니다. 자는 직선을 긋는 도구입니다. 이 둘은 '기하학'이라고 하면 바로 떠오르는 도구입니다. 그런데 저자는 여기에 그림자를 하나 더 추가했습니다. 이 점이 매우 특이하고 흥미로운 부분입니다. 그림자란 빛에 의해 남게 되는 사물의 흔적입니다. 사물의 또 다른 변형이지요. 이것을 통해 사물에 대한 다른 접근이 가능합니다. 사물 자체를 직접적으로 다루기 어려울 때 또 다른 사물인 그림자를 이용하는 거지요. 에라토스테네스의 지구 둘레 측정이 대표적인 예입니다. 이는 사유의 탁월한 면모를 유감없이 보여 주는 장면입니다.

　　3가지 도구를 통해 기하학을 소개하는 저자의 관점은 옳다고 생각합니다. 기하학이 시작된 시기부터 기하학이 정점에 다다랐던 고대 그리스에 이르기까지 3가지 도구는 기하학의 발전 경로를 결정짓는 데 주된 역할을 했습니다. 책에는 그 세세한 이야기가 나옵니다. 이 도구들은 추상화된 기하학에서도 여전히 사용되었습니다. 고대 그리스인들은 자와 컴퍼스 없이 기하학을 할 수 없었지요. 그렇다면 그림자는 어찌 되었을까요? 추상적 기하학에서 그림자는 보이지 않습니다. 하지만 그림자는 다른 모습으로 변형되었습니다. 그것이 '닮음과 비례'입니다. 실용적으로 사용되던 3가지 도구는 추상적 사유의 수단으로 자리를 옮겼습니다.

진짜 기하학 이야기는 이제부터 시작이다

독자들에게 당부하고 싶은 것이 있습니다. 책을 '잘' 읽으세요.

　　먼저 이야기로 읽으십시오. 이 책은 사실적인 설명보다는 이야기에 초점이 맞춰져 있습니다. 따라서 사실과 이야기의 경계를 구분하는 것이 어렵습니다. 사실이나 기록에 근거한 이야기인 것처럼 보이는 부분이 많은데 출처가 표시되어 있지 않아서 애매한 부분이 있습니다. 그러니 전체적으로는 이야기로 보되, 역사적 사실에 대한 확인은 다른 책이나 자료들을 활용하시기를 권합니다. 이 책은 3가지 도구와 더불어 기하학이 어떤 배경과 과정을 통해서 형성되어 왔는가를 상세히 보여 주기 위해 쓴

것입니다. 그 점에 주목하여 하나하나 따지기보다는 이야기처럼 흐름으로 읽으세요.

때로는 비판적으로 읽어야 할 때도 있습니다. 저자의 이야기는 (제가 보기에) 결과를 중심으로 과정을 단조롭게 그리는 경향이 있습니다. 따라서 이를 곧이곧대로 받아들일 경우, 사실에 대한 오해의 여지가 있을 수 있습니다. 저자는 인간에게 선천적인 수학적 감각이 있다고, 더 나아가 모든 생물은 선천적으로 수학 감각을 지니고 있다고 합니다. 또 그리스인들은 예리하고 상상력이 풍부했다고도 하지요. 그런데 정말 설명 그대로일까요? 이 점에 대해서는 많은 논쟁이 있을 수 있습니다.

이런 설명은 결과를 보고 원인을 이끌어 낸 것입니다. 과정을 통해 결과를 이끌어 낸 것이 아니지요. 인간 사회에 수학이 출현했고, 고대 그리스에서 추상적 기하학이 출현했습니다. 그렇기 때문에 저자는 인간, 그중에서도 특히 고대 그리스인들에게 수학이나 추상적 기하학을 만들 수 있는 능력이나 기질이 존재했다고 이야기합니다. 그렇다면 다른 동물이나 민족들은 그런 기질이 없어서 고대 그리스인들 같은 결실을 맺지 못한 것일까요? 저는 그렇게 생각하지 않습니다. 우리는 환경과 여건을 좀 더 촘촘히 들여다볼 필요가 있습니다. 어떤 성질은 특정한 조건과 환경 아래에서 결과적으로 생기기도 하고, 생긴다 해도 그것마저도 확률적입니다. 발현될 수도 있고, 발현되지 않을 수도 있죠.

마지막으로 열린 책 읽기를 하세요. 저자는 이 책에서 독자들에게 하나의 이야기를 던진 것입니다. 이 이야기는 완결된 것이 아니라 이제 시작된 것이지요. 이야기를 이어갈 사람은 독자 여러분입니다. 여러분의 생각과 관점에 따라 이 이야기는 많은 버전으로 수정하고 보완해야 합니다.

아마 저자도 이렇게 되기를 가장 바랄 겁니다. 나는 어떻게 이야기를 이어 갈 수 있을까를 생각하면서 책을 즐겁게 읽어 가시기 바랍니다.

2013년 7월

김용관

한국어판을 만들 때 참고한 도서 목록

김덕영 외,《세상을 바꾼 수학자 50인의 특강》, 아울북, 2011.

김리나,《십대를 위한 맛있는 수학사 : 고대편, 수의 탄생부터 아르키메데스
　　　정리까지》, 휴머니스트, 2012.

김용운·김용국,《재미있는 수학여행 3 : 기하의 세계》, 김영사, 2007.

안나 체라솔리,《놀라운 도형의 세계 : 이야기로 배우는 기하학의 원리》,
　　　에코리브르, 2007.

안소정,《배낭에서 꺼낸 수학 : 문명이 시작된 곳에서 수학을 만나다》,
　　　휴머니스트, 2011.

이광연,《피타고라스가 보여 주는 조화로운 세계》, 프로네시스, 2006.

전국수학교사모임,《수학 선생님도 궁금한 101가지 수학질문사전》,
　　　북멘토, 2012.

정갑수,《세상을 움직이는 수학》, 다른, 2010.

찾아보기

ㄱ

공리 — 173, 193
그 분할 THE SECTION — 169, 173
그림자 — 8, 10, 13, 30, 39, 40, 42,
　　　43, 44, 45, 57, 63, 76, 85, 87,
　　　89, 90, 91, 92, 93, 94, 95, 96,
　　　97, 98, 101, 102, 103, 112,
　　　118, 120, 121, 184, 186, 189,
　　　190, 191, 194, 199, 200
끈 — 8, 10, 13, 34, 35, 48, 53, 65,
　　　101, 102, 103, 104, 161, 164,
　　　172, 178, 181, 189, 194, 199

ㄴ

나선 — 11, 23, 25
내엇각 — 109
뉴턴 — 183, 185

ㄷ

닮은꼴 — 106, 167, 168

ㅁ

마테마타 Mathemata — 124, 125
메나에크무스 — 175, 176, 181, 184, 185
무리수 — 151, 152, 153, 159, 161, 162,
　　　173

ㅂ

밧줄 측량사 — 46, 50, 51, 53, 54, 55,
　　　56, 58, 62, 121, 126
별 관측자 — 43, 59, 62, 63, 64, 65, 66,
　　　69, 71, 86
북회귀선 — 189, 191
분할 원 — 66, 67, 69, 71, 86, 103

ㅅ

사원수 — 147
시에네 — 187, 188, 189, 190, 191
쌍곡선 — 11, 181, 182, 184

ㅇ

아르키메데스 — 177, 178, 181, 182,
　　　184, 185

알렉산드로스 − 174, 175, 176, 186

알렉산드리아 − 178, 184, 186, 187,
　　　188, 189, 191, 192, 193

에라토스테네스 − 187, 189, 190,
　　　191, 194, 200

에우독소스 − 159, 161, 163, 164,
　　　165, 166, 167, 168, 169, 173,
　　　175, 176

《원론Elements》 − 13, 192, 193

원뿔 − 181, 182

원뿔 곡선 − 181, 182, 183, 184

유클리드 − 13, 192, 193, 194

정다면체 − 134, 138, 140, 141,
　　　142, 143

정사각형 − 56, 57, 89, 91, 92, 123,
　　　126, 127, 128, 129, 130, 131,
　　　132, 136, 137, 138, 150, 151,
　　　162, 164, 165, 166, 169, 170,
　　　179

정사면체 − 138, 139, 142, 143

정삼각형 − 108, 136, 137, 139, 140

정십이면체 − 138, 140, 141, 142

정오각형 − 136, 140

정육면체 − 138, 142, 179, 181

정이십면체 − 138, 139, 142, 143

정팔면체 − 138, 139, 142

정확한 원 그리는 법 − 34, 198

직각 − 10, 47, 48, 50, 51, 52, 53, 54,
　　　57, 76, 93, 94, 102, 103, 105,
　　　106, 109, 110, 111, 126, 127,
　　　128, 150, 151, 165, 166, 167

직각삼각형 − 76, 92, 93, 94, 102, 106,
　　　107, 110, 123, 128, 130, 131, 132,
　　　150, 166, 167, 168

직선 − 7, 9, 10, 20, 22, 28, 47, 51, 103,
　　　105, 109, 111, 130, 161, 165, 166,
　　　168, 169, 189, 199

직선 자 − 7, 8, 10, 13, 103, 118, 121, 126,
　　　161, 164, 172, 178, 181, 194

케플러 − 183

큐빗 — 55

ㅌ

타원 — 11, 180, 181, 182, 183

ㅍ

파르테논 — 159, 160, 161, 170
포물선 — 11, 180, 181, 182, 183, 184
플라톤 — 7, 142, 158, 159, 163, 165,
　　　　169, 172, 173, 174, 175, 176, 178
피라미드 — 57, 58, 74, 88, 89, 90, 94,
　　　　96, 97, 98, 103, 106, 119, 186

ㅎ

황금비(황금 분할) — 156, 159, 161, 162,
　　　　169, 170, 171, 172, 173
히파수스 — 152, 153

$\sqrt{5}$ 직사각형 — 161
3-4-5 직각 — 52
3대 작도 불능 문제 — 178, 179, 181

다른 인스타그램

뉴스레터 구독

끈, 자, 그림자로 만나는 기하학 세상

초판 1쇄	2013년 8월 5일
초판 4쇄	2024년 11월 26일

지은이	줄리아 E. 디긴스
그린이	코리든 벨
옮긴이	김율희
감수	김용관

펴낸이	김한청
기획편집	원경은 차언조 양선화 양희우 유자영
마케팅	정원식 이진범
디자인	이성아 김현주
운영	설채린

펴낸곳 도서출판 다른
출판등록 2004년 9월 2일 제2013-000194호
주소 서울시 마포구 동교로 27길 3-10 희경빌딩 4층
전화 02-3143-6478 **팩스** 02-3143-6479 **이메일** khc15968@hanmail.net
블로그 blog.naver.com/darun_pub **인스타그램** @darunpublishers

ISBN 978-89-92711-90-6 43410

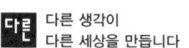 다른 생각이
다른 세상을 만듭니다